建筑装饰材料与应用

主　编　姚　平　刘霜艳

副主编　黄　容

参　编　刘冬燕　索小艳　陈小红

　　　　张萌萌　王霁梅　刘　洋

　　　　袁　伟

主　审　洪　波　毛海勇

北京理工大学出版社

BEIJING INSTITUTE OF TECHNOLOGY PRESS

内 容 提 要

本书紧紧围绕高素质技术技能人才培养目标，对接专业教学标准和"1+X"职业能力评价标准，结合生产实际中需要解决的一些工艺技术应用与创新的基础性问题编写。

全书分4个模块共6个项目，包括：模块1建筑装饰材料性质与功能认知；模块2基础材料（共2个项目），包括：结构材料认知与应用、功能材料认知与应用；模块3 饰面材料（共3个项目），包括：地面材料认知与应用、顶棚材料认知与应用、墙面材料认知与应用；模块4建筑装饰材料综合应用（共2个项目），包括：住宅空间材料应用、公共空间材料综合应用。

本书以任务工单为载体，强化项目导学与评价反馈，可作为高等院校建筑室内设计、环境艺术设计、建筑装饰工程技术等专业的教材，也可作为建筑装饰装修企业相关技术人员的参考资料。

图书在版编目（CIP）数据

建筑装饰材料与应用 / 姚平，刘霜艳主编. -- 北京：
北京理工大学出版社，2025.1.
ISBN 978-7-5763-4767-8

Ⅰ. TU56

中国国家版本馆CIP数据核字第2025DY7428号

责任编辑：封　雪　　　　文案编辑：毛慧佳
责任校对：刘亚男　　　　责任印制：王美丽

出版发行 / 北京理工大学出版社有限责任公司
社　　址 / 北京市丰台区四合庄路6号
邮　　编 / 100070
电　　话 / (010) 68914026（教材售后服务热线）
　　　　　(010) 63726648（课件资源服务热线）
网　　址 / http：//www.bitpress.com.cn
版 印 次 / 2025 年 1 月第 1 版第 1 次印刷
印　　刷 / 河北世纪兴旺印刷有限公司
开　　本 / 787 mm×1092 mm　1/16
印　　张 / 10.5
字　　数 / 257 千字
定　　价 / 75.00 元

　　建筑装饰材料与应用是高等院校建筑室内设计专业的一门核心课程。为建设好该课程，编者认真研究专业教学标准和"1+X"职业能力评价标准，开展广泛调研，联合企业制定毕业生所从事岗位（群）的《岗位（群）职业能力及素养要求分析报告》，并依据《岗位（群）职业能力及素养要求分析报告》开发了《专业人才培养质量标准》，按照《专业人才培养质量标准》中的素质、知识和能力要求要点，以学生为中心，以立德树人为根本，强调知识、能力，组建了校企合作的结构化课程开发团队。本书是以生产企业实际项目案例为载体，以任务为驱动，以工作过程为导向，进行课程内容模块化处理，以"项目+任务"的方式开发任务工单，注重课程之间的相互融通及理论与实践的有机衔接，形成了多元多维、全时全程的评价体系，并基于互联网，融合现代信息技术配套开发了丰富的数字资源，编写而成。

　　本书为校企合作编写，由四川国际标榜职业学院姚平、四川省建筑科学研究院有限公司刘霜艳担任主编，四川国际标榜职业学院黄容担任副主编，四川国际标榜职业学院刘冬燕、索小艳、陈小红、张萌萌、王霁梅、四川省建筑科学研究院有限公司刘洋、袁伟参与编写。具体编写分工为：模块1由姚平、刘霜艳共同编写，模块2由黄容、索小艳、袁伟共同编写，模块3由刘冬燕、陈小红、刘洋共同编写，模块4由王霁梅、张萌萌、刘洋、姚平、刘霜艳共同编写；全书由四川国际标榜职业学院洪波教授、四川省建筑科学研究院有限公司毛海勇正高级工程师审定。

　　由于编者水平有限，书中难免出现疏漏之处，恳请广大读者批评指正。

编　者

CONTENTS 目录

模块 1　建筑装饰材料性质与功能认知

任务 1　建筑装饰材料分类与功能认知

任务描述

完成建筑装饰材料的分类及建筑装饰材料功能的分析工作。

知识目标

(1)掌握建筑装饰材料的课程定位；
(2)掌握建筑装饰材料的分类及功能。

能力目标

(1)具备理解建筑装饰材料课程性质的能力；
(2)具备认知建筑装饰材料基本分类与功能的能力。

素养目标

(1)培养独立思考能力；
(2)培养规范操作意识。

重难点

重点
课程性质认知。
难点
建筑装饰材料的分类及功能。

1.1 相关知识链接

建筑装饰材料是指在室内装饰工程中起装饰作用的材料，它是装饰工程的物质基础。室内装饰的总体效果和室内功能的实现，都是通过室内装饰材料的应用和室内配套产品的质感、色彩、形体、图案等因素来体现的。能否正确应用室内装饰材料，将会影响室内装饰的使用功能、表现形式、装饰效果和耐久性等方面，还会直接关系到室内装饰设计方案的实施效果和施工的成败。另外，由于新型建筑装饰材料的发展，材料的品种日益增多（自然材料、无机材料、有机材料），各种复合材料更是日新月异层出不穷，这一切都使建筑装饰材料的应用变得越来越复杂，越来越难以把握。

建筑装饰材料可以改善室内环境，兼具绝热、防潮、防火、吸声、隔声等多种功能。常见的室内装饰材料有实材、板材、片材、型材、线材等。实材主要是指原木及原木制成的木方，如杉木、红松、榆木、水曲柳、香樟等。

因此，建筑装饰工程的设计人员和技术人员必须熟悉各种室内装饰材料的性能、品质、特点、规格和用途，掌握各类材料的变化规律，善于灵活运用，更好地、合理地、完善地表达设计意图。同时，还要尽可能地节省材料，降低造价。

1.1.1 建筑装饰材料基本类型

建筑装饰材料品种繁多，要想全面了解和掌握各种建筑装饰材料的性能、特点和用途，首先需要对其进行合理的分类。建筑装饰材料是建筑工程的物质基础。它决定着建筑物的坚固、耐久、适用、经济和美观程度。建筑装饰材料费占整个工程费的60%以上。相关人员只有研究各种材料的原料、组成、构造和特性，才能合理选择和正确使用建筑材料。

建筑装饰材料的同种产品往往分成几个等级。每个等级的材料应保证一定的质量，这就是材料标准。在材料标准中规定了材料的规格、尺寸、细度、化学成分、强度、技术指标等。材料在出厂、验收和使用前应抽样检验，查看它是否符合标准。建筑材料标准分为国家标准、部颁标准和企业内部控制标准。材料标准对生产科研和使用都是有必要的。生产工厂在保证产品符合标准的条件下，致力于提高产量、降低成本和产品升级。

1.1.2 建筑装饰材料的功能

建筑装饰的目的是美化建筑空间环境，创造合理的使用功能和优美的艺术风格，提高建筑物的耐久性，而这些必须通过建筑装饰材料来实现。

1. 改善和美化室内空间环境

室内装饰可以美化室内空间。室内装饰不仅可以表现出朴素、庄重、高贵、华丽等氛围，还可以满足不同的使用功能要求，内墙的装饰应根据房间的使用功能来决定，一般选用质感细腻、真实的装饰材料。

2. 实用主义功能

建筑装饰材料具有绝热、防潮、防火、吸声、隔声等多种功能，其能保护建筑主体结构，且可以满足建筑室内的基本功能。

3. 装饰建筑方面

建筑是一种造型艺术，不同的外墙装饰材料的质感、线型、色彩会不同程度地影响建筑的外观效果，如材料表面的粗糙度、光泽度、对光线的吸收和反射程度不同，给人不同的感觉，产生不同的艺术效果，不同的装饰材料有不同的质感，即使是相同的装饰材料，由于表面处理的工艺不同，也会有不同的装饰效果。

4.满足使用功能的需要

室内空间环境不但要美观，装饰效果好，还要满足使用功能的需要。不同的空间环境有不同的要求，如卧室地面铺设的材料应具有一定的弹性，使人行走舒适；浴室、卫生间地面铺设的材料应具有防滑、防水的作用；舞厅的墙面使用的材料必须具备防火、隔声的功能。所以，建筑装饰材料还必须具备相应的使用功能。

5.提高建筑物的耐久性

建筑装饰材料通常用在建筑物的表面，会受到自然因素的作用。所以，装饰材料还能保护建筑物本身不受到或少受到这些不利因素的影响，这样可以起到保护建筑物的作用，延长其使用寿命。

1.2 素质素养养成

(1)在查阅资料的过程中，学生可以通过多种渠道，如网络、书籍、材料市场，综合分析整理信息，认真思考，养成严谨的工作态度。

(2)建筑装饰材料选择范围较广，种类繁多，不同装饰界面的材料都有对应的质量标准，如《建筑内部装修设计防火规范》(GB 50222—2017)、《住宅室内装饰装修工程质量验收规范》(JGJ/T 304—2013)、《民用建筑工程室内环境污染控制标准》(GB 50325—2020)等。在学习本门课程的过程中，大家一定要注意材料指标是否符合国家相关标准。

1.3 任务实施

1.学生分组

学生分组表

班级		组号		授课教师		
组长		学号				
组员	姓名	学号		姓名	学号	

2. 自主探学

任务工作单 1

组号：_____ 姓名：_____ 学号：_____ 检索号：___1117-1___

引导问题：

(1)谈谈你对建筑装饰材料课程的认识。

_____

_____

_____

(2)谈谈学好该课程可以对以后的工作起到哪些支撑作用。

_____

_____

_____

任务工作单 2

组号：_____ 姓名：_____ 学号：_____ 检索号：___1117-2___

引导问题：

(1)建筑装饰材料有哪些分类方式？

_____

_____

_____

(2)建筑装饰材料的功能有哪些？

_____

_____

_____

3. 合作研学

任务工作单

组号：_____ 姓名：_____ 学号：_____ 检索号：___1118-1___

引导问题：

(1)小组讨论任务工作单 1117-1、1117-2 的最优答案，教师参与，然后并检讨自己的不足之处。

_____

_____

_____

_____

(2)每组推荐一个小组长汇报全组情况。组中的其他成员根据汇报情况再次检讨自己的不足之处。

_____

_____

_____

4. 展示赏学

任务工作单

组号：_____ 姓名：_____ 学号：_____ 检索号：___1119-1___

引导问题：

每组推荐一个小组长，根据任务工单 1117-1、1117-2 的内容汇报全组情况。组中的其他成员根据汇报情况再次检讨自己的不足之处。

_____

_____

_____

1.4 评价反馈

任务工作单 1

组号：_____ 姓名：_____ 学号：_____ 检索号：___11110-1___

自我评价表

班级		组名		日期	年 月 日
评价指标	评价内容			分数	分数评定
信息收集能力	能否有效利用网络、图书资源查找有用的相关信息；能否将查到的信息有效地融入学习过程			10分	
感知课堂生活	能否在学习中获得满足感及课堂生活的认同感			10分	
参与态度、沟通能力	能否积极、主动地与教师、同学交流，相互尊重、理解、平等；与教师、同学之间能否保持多向、丰富、适宜的信息交流			15分	
	能否处理好合作学习和独立思考的关系，做到有效学习；能否提出有意义的问题或能发表个人见解			15分	
对本课程的认识	本课程主要培养的能力			5分	
	本课程主要学习的知识			5分	
	对将来工作的支撑作用			10分	
辩证思维能力	能否发现问题、提出问题、分析问题、解决问题			10分	
自我反思	按时保质地完成任务；较好地掌握了知识点；具有较为全面严谨的思考能力，并能条理清楚地表达出来			25分	
自评分数					
总结提炼					

任务工作单 2

被评价人信息：组号：_____ 姓名：_____ 学号：_____ 检索号：<u>11110-2</u>

小组内互评验收表

验收人组长		组名		日期	年 月 日
组内验收成员					
任务要求	课程的定位的认识；完成建筑装饰材料的分类和功能的分析；任务完成过程中，至少检索 5 份文献并列出目录清单				
文档验收清单	被评价人完成的 1117-1 任务工作单				
	被评价人完成的 1117-2 任务工作单				
	文献检索清单				
验收评分	评分标准			分数	得分
	能正确表述课程的定位，缺一处扣 5 分			25 分	
	描述完成建筑材料的分类及功能的分析，缺一处扣 5 分			50 分	
	文献检索目录清单，少一份扣 5 分			25 分	
评价分数					
总体效果定性评价					

任务工作单 3

被评组号：_____ 检索号：<u>11110-3</u>

小组间互评表(听取各组组长汇报，其他同学打分)

班级		评价小组		日期	年 月 日
评价指标	评价内容			分数	分数评定
汇报表述	表述准确			15 分	
	语言流畅			10 分	
	准确反映该组完成任务情况			15 分	
内容正确度	表述的内容正确			30 分	
	阐述到位			30 分	
互评分数					

任务工作单 4

组号：_____　　姓名：_____　　学号：_____　　检索号：11110-4

任务完成情况评价表

任务名称	建筑装饰材料分类与功能认知			总得分	
评价依据	学生完成任务后任务工作单				

序号	任务内容及要求		配分	评分标准	教师评价	
					结论	得分
1	课程定位	(1)描述正确	10分	缺一个要点扣5分		
		(2)语言表达流畅	10分	酌情给分		
2	完成建筑装饰材料的分类及功能的分析	(1)建筑装饰材料有哪些分类方式	25分	缺一个要点扣5分		
		(2)建筑装饰材料具备哪些功能	25分	缺一个要点扣5分		
3	至少检索5份文献并列出目录清单	(1)数量	10分	每少一份扣2分		
		(2)参考的主要内容要点	10分	酌情给分		
4	素质素养评价	(1)沟通交流能力	10分	酌情给分，但违反课堂纪律、不听从组长和教师安排的，不得分		
		(2)团队合作				
		(3)课堂纪律				
		(4)合作探学				
		(5)自主研学				
		(6)独立思考并分析问题				
		(7)规范意识				

任务 2 建筑装饰材料特性与功能理解

任务描述

阐述建筑装饰材料特性与功能调研分析报告。

知识目标

(1)掌握建筑装饰材料基本特性与功能;

(2)掌握建筑装饰材料特性与功能报告初步调研。

能力目标

(1)具备阐述建筑装饰材料基本特性与功能的能力;

(2)具备整理、归纳建筑装饰材料基本特性与功能能力。

素养目标

(1)培养积极思考、主动学习的意识;

(2)培养行业法律法规意识;

(3)培养团队协作意识。

重难点

重点

建筑装饰材料基本特性与功能的理解。

难点

建筑装饰材料基本特性与功能的阐述。

2.1 相关知识链接

2.1.1 建筑装饰材料的特性

建筑装饰材料的特性主要是指其装饰特性,是指能对装饰表现的效果产生影响的材料本身的一些特性,主要包括光泽、质地、底色纹样及花样质感四方面因素。

(1)光泽。光泽是由于反射光的空间分布而决定地对物体表面知觉的属性。当然,光泽的有无除受反射光空间分布的影响外,还要受到如色彩、质地、底色纹样等的影响。人们通常将有光泽的表面称为光面，表示一个物体光泽的量，这是镜面光泽度和对比光泽度两种光泽度的指标。另外，还要注意色彩对光泽的影响主要是明度和彩度，而与色相无关。

（2）质地。质地是材料表面的粗糙程度。如对于布类而言，丝绸是没有质地的，而粗花呢有质地；再如对纸类而言，有光泽的印刷纸是没有质地的，而马粪纸有明显的质地等。

（3）底色纹样。底色纹样是材料表面的底色的变化程度。例如，抹灰没有底色纹样，而木纹、地面瓷砖的花纹却有底色纹样。

（4）花样质感。花样是材料所构成的图案。例如，没有图案的单色布就没有花样，而糊墙纸、窗板、砖砌体等有明显的花饰图案，即花样。

花样可以体现材料的质感。对上述的分类叙述必须补充说明的是，第一，像质地、底色纹样、花样这些词，可以用于日常生活的各种意义上，且一般都不是狭义的，而有着更广泛的含义。但在对材料装饰性能的讨论中，人们只能按上述的意义来使用这些概念。第二，在通常的说法中，对质地与质感两者是不加区别，并混淆在一起的。因此，出现了如"粗糙的质感""细腻的质感"等说法，常使人不知所云。因为就材料的质感而言，确有粗糙与细腻之别，而上述的说法又显然是针对材料表面的粗糙程度而言的。因此，在阅读各种书籍时，应注意两者的区别，留心这种微妙的差异。

2.1.2　建筑装饰材料的功能

建筑装饰材料是指起装饰作用的建筑材料，是指主体建筑完成之后，对建筑物的室内空间和室外环境进行功能和美化处理而形成不同装饰效果所需用的材料。建筑装饰材料的主要功能是铺设在建筑表面，以美化建筑与环境，调节人们的心灵，并起到保护建筑物的作用。

1. 装饰美化功能

建筑物的内外墙面装饰是通过装饰材料的质感、线条、色彩来表现的。质感是指材料质地的感觉；色彩可以影响建筑物的外观和城市面貌，也可以影响人们的心理。

装饰材料特有的美化功能（装饰性）是通过装饰材料本身的形式、色彩和质感来表现的，并通过材料本身的形状尺寸，以及使用后形成的图形效果（包括材料组合后形成的界面图形、界面边缘及材料交接处的线脚等）来实现的。有意识地利用这一点，使用材料时既可以做到有效、经济，还可以结合一些美学规律和手法进行排列组合，以形成新的形式与图案，从而获得更好的装饰效果。

色彩是通过装饰材料表面不同的颜色给人不同的心理感受，如红色、橘红色给人温暖、热烈的感觉，绿色、蓝色给人宁静、清凉、寂静的感觉。材料的色彩可以源于其自身的本色，也可以通过染色等方式获得或改变，还可以因不同的光照条件而有所改变。

质感是通过材料的表面组织结构、花纹图案、颜色、光泽、透明性等给人的一种综合感觉。例如，钢材、陶瓷、木材、玻璃、呢绒等材料在人的感官中分别呈现出软硬、轻重、粗细、冷暖等感觉。组成相同的材料可以有不同的质感。一般来说，粗糙不平的表面能给人以粗犷豪放的感觉；而光滑细致的平面能给人带来细腻、精美的装饰效果。

材料的形、色、质与空间环境的其他装饰因素（如光线等）完美融合，协调统一，才能具有艺术感染力。设计师应熟练地了解和掌握各种装饰材料的性能、装饰功能与效果及获得途径，从而合理选择并正确使用装饰材料，才能使建筑物拥有美感。

2. 保护建筑结构、构件的功能

采用合适的建筑装饰材料对建筑物表面进行装饰，不仅能起到良好的装饰作用，而且能有效地提高建筑物的耐久性，降低维修费用。

建筑物外墙面长期受到风吹、日晒、雨淋、冰冻等自然因素的作用，以及腐蚀性气体和微生物的作用；内墙面和地面也常受到机械的磨损和撞击作用，以及水汽的渗透作用与污染等。通过一定的施工或构造方法，将装饰材料铺设、粘贴或涂刷在建筑表面，可使装饰材料对建筑结构及构件起到一定的保护作用，不但美化了建筑，还提高了建筑的耐久性。

例如，建筑物的外墙上常使用面砖、饰材等做贴面装饰，它们就对墙面起到了一定的保护作用；而住宅内部常沿墙体设置墙裙，有效地保护了墙体不受家具及人的撞击和磨损，这也是装饰材料在美化、装饰基础上发挥保护功能的典型实例。

3. 改善室内环境功能

由于其材料本身的特性或采用一定的加工方式，某些装饰材料不仅能美化、保护建筑，还能对建筑的使用功能及效果有一定的改善，如增强建筑防潮防水、保温隔热、吸声隔声或耐热防火等方面的能力。例如，防火装饰板、石膏装饰板等既是很好的饰面材料，又有较好的阻燃效果；夹丝安全玻璃有一定的抗爆作用；地毯是很好的吸声材料等。

如内墙和顶棚使用的石膏装饰板，能起到调节室内空气的相对湿度，改善环境的作用；又如木地板、地毯等能起到保温、隔声、隔热的作用，使人感到温暖舒适，改善了室内的生活环境。

2.1.3 建筑装饰材料的外观特性

建筑材料的外观特征包括包装、品牌、规格及观感质量。建筑材料是建筑工程中主要的组成部分，在使用中要严格按照材料使用规范进行检验。首先，应检查是否有出厂合格证和必要的检测报告；其次，对需要进行实验室复检的材料，还要见证取样进行实验室检测。只有手续完善后，符合材料进场要求后，才可以批准入场使用。

2.1.4 建筑装饰材料的分类

建筑装饰材料的品种非常繁多，而且现代装饰材料的发展又十分迅速，新型的装饰材料不断涌现，装饰材料的更新换代速度异常迅猛。装饰材料的分类方法较多，以下列举几种分类方法：

(1)按物理形态，建筑装饰材料可分为金属、木材、石材、塑料等。

(2)按化学成分，建筑装饰材料可分为无机材料、有机材料、高分子材料、复合材料等。其中，有机材料主要包括板材、竹制品、墙纸、墙布、橡胶材料等；复合材料则包括玻璃钢等，高分子材料则包括塑料制品等。

(3)按装饰部位，建筑装饰材料可分为墙面、地面、吊顶等几个方面。

下面按照装饰部位分类的方法，详细介绍材料分类。

1. 室外装饰材料

室外装饰材料有天然大理石、天然花岗石、人造大理石、人造花岗石、建筑陶瓷、玻璃马赛克、镀膜玻璃、水泥、装饰混凝土、铝合金、轻质钢板、外墙涂料等。

2. 室内装饰材料

(1)壁纸、墙布：塑料壁纸、纺织纤维壁纸、复合纸质壁纸，化纤墙布、无纺墙布、锦缎墙布、塑料墙布等。

(2)石材：天然花岗石、天然大理石、人造花岗石、人造大理石等。

(3)涂料：包括各种乳胶漆、油漆、多彩涂料、幻彩涂料、仿瓷涂料、防火涂料等。

(4)装饰墙板：包括各种木质装饰板、塑料装饰板、复合材料装饰板、金属装饰板等。

(5)玻璃：包括平板玻璃、镜面玻璃、磨砂玻璃、彩绘玻璃、中空玻璃、夹层玻璃等。

(6)金属装饰材料：包括各种铜雕、铁艺、铝合金等。

(7)陶瓷砖：包括各种釉面砖、彩色釉面砖等。

基础材料分类

2.2 素质素养养成

(1)在课程市场调研过程中，要积极地思考和主动地学习扩展知识，要认真仔细观察，学会独立思考，多方面分析自己遇到的问题。

(2)建筑装饰装修空间装饰材料的种类有很多，不同空间使用的材料需要根据材料的特性进行整理，并且需要去了解材料对应的质量标准，如《建筑内部装修设计防火规范》(GB 50222—2017)、《民用建筑工程室内环境污染控制标准》(GB 50325—2020)等。同学们一定要仔细观察，认真学习相关文献，深入了解行业的法律法规。

(3)在做市场调研的过程中，同学们一定要相互帮助，一起解决的问题。

2.3 任务实施

1. 学生分组

学生分组表

班级		组号		授课教师	
组长		学号			
组员	姓名	学号		姓名	学号

2. 自主探学

组号：_____   姓名：_____   学号：_____   检索号：<u>1127-1</u>

引导问题：

通过调研建筑装饰材料市场、网络查阅等多种方式并进行认真思考，然后完成以下问题。

(1)建筑装饰材料具有哪些特性？

_____

_____

_____

(2)建筑装饰材料具有哪些功能？

_____

_____

_____

(3)根据化学成分的不同，建筑装饰材料可分为哪几种类型？请举例说明。

_____

_____

_____

_____

组号：_____   姓名：_____   学号：_____   检索号：<u>1127-2</u>

引导问题：

根据任务工作单 1127-1 的答题结果并综合整理资料，认真分析建筑装饰材料的特性与功能，完成调研汇总工作并汇报。

建筑装饰材料特性	建筑装饰材料功能	建筑装饰材料类型

3. 合作研学

任务工作单

组号：_____　　　姓名：_____　　　学号：_____　　　检索号：　1128-1

引导问题：

小组讨论任务工作单 1127-1、1127-2 的最优答案，教师参与，然后检讨自己的不足之处。

_____

_____

_____

_____

_____

_____

_____

_____

4. 展示赏学

任务工作单

组号：_____　　　姓名：_____　　　学号：_____　　　检索号：　1129-1

引导问题：

每组推荐一个小组长，根据任务工作单 1127-1、1127-2 的内容汇报全组情况。组中的其他成员根据汇报情况再次检讨自己的不足之处。

_____

_____

_____

_____

_____

_____

_____

_____

_____

_____

2.4 评价反馈

组号：＿＿＿＿　姓名：＿＿＿＿　学号：＿＿＿＿　检索号：＿11210-1＿

自我评价表

班级		组名		日期	年 月 日
评价指标	评价内容			分数	分数评定
信息收集能力	能否有效利用网络、图书资源、市场资源查找有用的相关信息；能否将查到的信息有效地融入学习过程			10分	
感知课堂生活	能否在学习中获得满足感及课堂生活的认同感			10分	
参与态度、沟通能力	能否积极、主动地与教师、同学交流，相互尊重、理解、平等；与教师、同学之间能否保持多向、丰富、适宜的信息交流			15分	
	能否处理好合作学习和独立思考的关系，做到有效学习；能否提出有意义的问题或能发表个人见解			10分	
知识、能力获得	阐述建筑装饰材料基本特性与功能的能力			15分	
	整理归纳建筑装饰材料基本特性与功能能力			15分	
辩证思维能力	能否发现问题、提出问题、分析问题、解决问题			10分	
自我反思	按时保质地完成任务；较好地掌握了知识点；具有较为全面严谨的思考能力，并能条理清楚地表达出来			15分	
自评分数					
总结提炼					

被评价人信息：组号：＿＿＿＿　姓名：＿＿＿＿　学号：＿＿＿＿　检索号：＿11210-2＿

小组内互评验收表

验收人组长		组名		日期	年 月 日
组内验收成员					
任务要求	完成建筑装饰材料基本特性、功能的分析整理并列举建筑装饰材料的分类				
文档验收清单	被评价人完成的1127-1任务工作单				
	被评价人完成的1127-2任务工作单				
	相配套的材料图片及检索资料				
验收评分	评分标准			分数	得分
	能正确分析整理出建筑装饰材料的基本特性和功能，少一处扣10分（根据整理情况酌情给分）			45分	
	能正确列举出建筑装饰材料类型，缺一处扣10分（根据整理情况酌情给分）			45分	
	完成建筑装饰材料基本特性与功能汇报总结（根据整理情况酌情给分）			10分	
评价分数					
总体效果定性评价					

任务工作单 3

被评组号：_____　　　　　　　　检索号：　11210-3

小组间互评表（听取各组组长汇报，其他同学打分）

班级		评价小组		日期	年　月　日
评价指标		评价内容		分数	分数评定
汇报表述	表述准确			15 分	
	语言流畅			10 分	
	准确反映该组完成任务情况			15 分	
内容正确度	表述的内容正确			30 分	
	阐述到位			30 分	
互评分数					

任务工作单 4

组号：_____　　姓名：_____　　学号：_____　　检索号：　11210-4

任务完成情况评价表

任务名称		建筑装饰材料特性与功能理解			总得分		
评价依据		学生完成任务后任务工作单					
序号	任务内容及要求		配分	评分标准	教师评价		
					结论	得分	
1	阐述建筑装饰材料基本特性与功能的能力	（1）描述正确	10 分	缺一个要点扣 5 分			
		（2）语言表达流畅	5 分	酌情给分			
		（3）建筑装饰材料的特性	10 分	至少列举 2 类，缺一类扣 5 分			
		（4）建筑装饰材料的功能	15 分	至少列举 3 类，缺一类扣 5 分			
2	整理归纳建筑装饰材料基本特性与功能能力	（1）涉及哪几种特性	10 分	至少整理 2 类，缺一类扣 5 分			
		（2）涉及哪几种功能	20 分	至少整理 3 类，缺一类扣 5 分			
		（3）参考的主要内容要点	10 分	整理一个要点得 2 分			
3	素质素养评价	（1）沟通交流能力	20 分	酌情给分，但违反课堂纪律、不听从组长和教师安排的，不得分			
		（2）团队合作					
		（3）课堂纪律					
		（4）自主研学					
		（5）合作探学					
		（6）工作态度					
		（7）规范意识					
		（8）协作意识					

模块 2 基础材料

任务 1 砌筑材料认知与应用

任务描述

请说明胶凝材料、砌筑材料的特性与应用范围。

知识目标

掌握胶凝材料、砌筑材料的知识及应用方法。

能力目标

(1)具备正确识别胶凝材料、砌筑材料特性的能力;
(2)具备科学应用胶凝材料、砌筑材料的能力。

素养目标

(1)培养独立思考并分析问题的意识;
(2)培养规范意识;
(3)培养责任意识。

重难点

重点
胶凝材料、砌筑材料性能的识别。
难点
胶凝材料、砌筑材料科学的应用方法。

1.1 相关知识链接

在建筑工程中，能将散状材料(砂石等)或块状材料(砖、砌块、石等)凝结起来的材料称为胶凝材料。其可分为无机和有机两类。常用的无机胶凝材料是水硬性胶凝材料，如各类水泥、砂浆、混凝土等材料。胶凝材料既可作为基础材料，也可作为饰面材料与功能材料。

1.1.1 胶凝材料的特性与应用范围

1. 水泥

水泥是粉状水硬性无机胶凝材料，加水搅拌后成为浆体，能在空气中硬化或在水中更好地硬化，并能将砂、石等材料牢固地胶结在一起。水泥胶结碎石制成的混凝土，硬化后不但强度较高，而且还能抵抗淡水或含盐水的侵蚀。长期以来，它作为一种重要的胶凝材料，广泛应用于土木建筑、水利、国防等工程中。水泥的密度为 3 100 kg/m³。细度是指水泥颗粒的粗细程度。颗粒越细，硬化得越快，早期强度也越高。

水泥按组成成分可分为以下几种。

(1)硅酸盐水泥。其以硅酸钙为主的硅酸盐水泥熟料，5％以下的石灰石或粒化高炉矿渣，适量石膏磨细制成的水硬性胶凝材料，统称为硅酸盐水泥，国际上统称为波特兰水泥。硅酸盐水泥分为两种类型，不掺加混合材料的称为Ⅰ型硅酸盐水泥，代号 P·Ⅰ；掺加不超过水泥质量5％的石灰石或粒化高炉矿渣混合材料的称为Ⅱ型硅酸盐水泥，代号 P·Ⅱ。当硅酸盐水泥与水混合时，发生复杂的物理和化学反应，称为水合。从水泥加水拌和后，成为具有可塑性的水泥浆，到水泥浆逐渐变稠失去塑性但尚未具有强度，这一过程称为凝结。随后产生明显的强度并逐渐发展成为坚硬的水泥石，这一过程称为硬化。凝结和硬化是人为划分的，实际上是一个连续的物理化学变化过程。

(2)普通硅酸盐水泥(图 2-1)。其由硅酸盐水泥成浆体，能在空气或水中硬化，并能将熟料、6％～15％混合材料，适量石膏、砂石等材料牢固地胶结在一起制成的水硬性胶凝材料称为普通硅酸盐水泥(简称"普通水泥")，代号 PO。从水泥加水搅拌到开始凝结所需的时间称为初凝时间；从加水搅拌到凝结完成所需的时间称为终凝时间。

图 2-1 普通硅酸盐水泥

(3)矿渣硅酸盐水泥(图 2-2)。由硅酸盐水泥熟料、粒化高炉矿渣和适量石膏磨细制成的初凝时间不小于 45 min，终凝时间不大于 12 h 的水硬性胶凝材料，称为矿渣硅酸盐水泥。水泥强度等级分为 32.5 级、42.5 级、52.5 级、62.5 级和 72.5 级等级越高，水泥强度越高。

图 2-2　矿渣硅酸盐水泥

(4)火山灰质硅酸盐水泥。火山灰质硅酸盐水泥是由硅酸盐水泥熟料、火山灰质混合材料和适量石膏磨细制成的水硬性胶凝材料。其强度越高，固化速度相对也快。水泥分早强型和普通型两种。早强型固化速度快，用水泥强度等级后加"R"表示，如 525R。火山灰质硅酸盐水泥代号 PP，是重要的建筑材料。

(5)粉煤灰硅酸盐水泥。由硅酸盐水砂浆或混凝土，坚固耐久，广泛应用于土木工程建筑、水利、国防等工程，也常在室内装饰工硬性胶凝材料，称为粉煤灰硅酸盐水泥。

(6)复合硅酸盐水泥。复合硅酸盐水泥是由硅酸盐水泥熟料、两种或两种以上规定的混合材料、适量石膏磨细制成的水硬性胶凝材料，称为复合硅酸盐水泥(简称复合水泥)。

2. 砂浆

砂浆(图 2-3)由胶凝材料(水泥、石灰等)、细集料(石粒、砂等)和水按一定比例配制而成，也称灰浆。砂浆用于砌筑和抹灰工程，可分为砌筑砂浆和抹面砂浆。前者用于砖、石块、砌块等的砌筑及构件安装；后者用于墙面、地面、屋面及梁柱结构等表面的抹灰，以达到防护和装饰等要求。普通砂浆材料中还有的是用石膏、石灰膏或黏土掺加纤维性增强材

图 2-3　砂浆

料加水配制成膏状物称为灰、膏、泥或胶泥。随着胶凝材料工业的发展，砂浆在市场上也多以成品的形式销售。

3. 石膏、石灰

(1)石膏：是单斜晶系矿物，是主要化学成分为硫酸钙($CaSO_4$)的水合物。石膏是一种用途广泛的工业材料和建筑材料，可用于水泥缓凝剂、石膏建筑制品、模型制作、医用食品添加剂、硫酸生产、纸张填料、油漆填料等。

(2)石灰：是一种以氧化钙为主要成分的气硬性无机胶凝材料。石灰是用石灰石、白云石、白垩、贝壳等碳酸钙含量高的产物，经 900～1 100 ℃煅烧而成。石灰是人类应用得最

早的胶凝材料。石灰在土木工程中应用范围很广，且在我国还可用在医药领域。

4. 混凝土

混凝土(图 2-4)是指由水泥、粗细集料和水按一定比例配制，经混凝土搅拌机搅拌而成的拌合物，经一定时间硬化而成的具有一定强度的人造石，它广泛应用于土木工程中。用于建筑工程中的混凝土可分为钢筋混凝土、素混凝土两种。

图 2-4 混凝土

混凝土的性能主要有以下四项。

(1)和易性。和易性是混凝土拌合物最重要的性能。它综合表示拌合物的稠度、流动性、可塑性、抗分层离析泌水的性能及易抹面性等。

(2)强度。强度是混凝土硬化后最重要的力学性能，是指混凝土抵抗压、拉、弯、剪等应力的能力。用量及搅拌、成型都直接影响混凝土的强度。

(3)变形。混凝土在荷载或温度、湿度作用下产生的。混凝土变形可分为塑性变形、收缩变形和温度变形等。

(4)耐久性。耐久性是指在实际使用条件下物体抵抗各种破坏因素的作用，长期保持强度和外观完整性的能力。

1.1.2 砌筑材料的特性与应用范围

1. 砌块

砌块是利用混凝土、工业废料(粉煤灰炉渣等)制成的人造块材，外形尺寸比砖大，具有设备简单、砌筑速度快的优点，符合建筑工业化发展中墙体改革的要求。砌块按外观形状可分为实心砌块和空心砌块；砌块按尺寸和质量的大小不同可分为小型砌块、中型砌块和大型砌块。

砌块中主规格高度大于 115 mm 且小于 380 mm 的称为小型砌块；高度为 380～980 mm 的称为中型砌块；高度大于 980 mm 的称为大型砌块。

常用的墙体材料如下：

(1)烧结普通砖：烧结普通砖(图 2-5)、煤矸石砖、页岩砖、煤矸石页岩砖。

(2)烧结多孔砖：烧结多孔砖(图 2-6)、煤矸石多孔砖、页岩多孔砖。

(3)蒸压灰砂砖、蒸压粉煤灰砖(图 2-7)。

(4)混凝土小型空心砌块。

图 2-5 烧结普通砖

图 2-6 烧结多孔砖

图 2-7 蒸压粉煤灰砖

2. 砌筑材料的主要优点

(1)主要承重结构(承重墙)是用砖(或其他块体)砌筑而成的,这种材料任何地区都有,便于就地取材。

(2)砌体材料的墙体既是围护和分隔的需要,又可作为承重结构。

(3)多层砌体房屋的纵横墙体布置一般很容易达到刚性方案的构造要求,故砌体结构的刚度较大。

(4)施工比较简单,进度快,技术要求低,施工设备简单。

3. 砌筑材料的主要缺点

(1)砌体强度比混凝土强度低得多,故建造房屋的层数有限,一般不超过 7 层。

(2)砌体是脆性材料,抗压能力尚可,但抗拉、抗剪强度都很低,因此抗震性能较差。

(3)多层砌体房屋一般宜采用刚性方案,故其横墙间距受到限制,因此不可能获得较大的空间,故一般只能用于住宅、普通办公楼、学校、小型医院等民用建筑,以及中小型工业建筑。

砌体结构的环境类别分为 5 类。砌体结构应根据环境类别和设计使用年限进行耐久性设计。对于设计使用年限为 50 年的砌体结构,以下从耐久性的角度出发,对材料提出了相应的要求:

1)地面以下或防潮层以下的砌体,潮湿房间的墙或处于 2 类环境的砌体,所用材料的最低强度等级应符合砌体材料设计规范的相关规定。地面以下或防潮层以下的砌体、潮湿房间的墙所用材料的最低强度等级和潮湿程度分为烧结普通砖、混凝土普通砖、蒸压普通砖、混凝土砌块、石材、水泥砂浆稍湿的、很潮湿的、含水饱和的。

2)在冻胀地区,地面以下或防潮层以下的砌体,不宜采用多孔砖,如采用时,其孔洞应用不低于 M10 的水泥砂浆预先灌实。当采用混凝土空心砌块时,其孔洞应采用强度等级不低于 Cb20 的混凝土预先灌实。

3)对安全等级为一级或设计使用年限大于 50 年的房屋,材料强度等级应至少提高一级。处于 3~5 类环境,有侵蚀性介质的砌筑材料应符合下列规定:

①不应采用蒸压灰砂普通砖、蒸压粉煤灰普通砖。

②应采用实心砖(烧结砖、混凝土砖),砖的强度等级不应低于 MU20,水泥砂浆的强度等级不应低于 M10。

③混凝土砌块的强度等级不应低于 MU15,灌孔混凝土的强度等级不应低于 Cb30,砂浆的强度等级不应低于 Mb10。

④应根据环境条件对砌筑材料的抗冻指标和耐酸、耐碱性能提出要求,或符合相关规范的规定。

1.1.3 天然石材和瓦

天然石材是指从天然岩体中开采出来的,并经加工成块状或板状材料的总称。建筑装饰常用的天然石材主要有砂岩、板岩、花岗石、大理石四大类。

瓦以黏土(包括页岩、煤矸石等粉料)为主要原料,经泥料处理、成型、干燥和焙烧而制成,是铺屋顶用的建筑材料。

瓦的形状有拱形的、平的或半个圆筒形。瓦适用于混凝土结构、钢结构、木结构、砖木混合结构等各种结构新建坡屋面和老建筑平改坡屋面及现代墙、地面铺装装饰面材。

瓦的类型很多，如平瓦、三曲瓦、双筒瓦、鱼鳞瓦、牛舌瓦、板瓦、筒瓦、滴水瓦、沟头瓦、檐口瓦。

1. 平瓦

平瓦(图 2-8)主要是指以黏土烧结而成的一种平板式的瓦。平瓦适用于房屋两侧，分为欧式平瓦、日式平瓦、中式平瓦等。

图 2-8 平瓦

2. 三曲瓦

三曲瓦主要是按形状定义的瓦片，其材料除采用传统的黏土外，还可以采用琉璃、水泥、合成树脂、秸秆纤维超强聚酯等。

3. 双筒瓦

双筒瓦具有防风雨浸蚀、蔽护屋檐、延长建筑物寿命，美化装饰屋檐的作用。其使用寿命长、吸水率低。

4. 鱼鳞瓦

鱼鳞瓦(图 2-9)用于小式建筑和园林建筑院墙或墙，采用花瓦做法的鳞瓦，摆砌成鱼鳞、斜鱼鳞等花式，其中的明清式称为鱼鳞瓦花心。

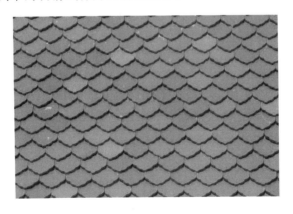

图 2-9 鱼鳞瓦

5. 牛舌瓦

牛舌瓦(图 2-10)属于别墅屋面陶瓦，其风格自然高雅、古朴自然、经典怀旧、格调独特，不仅能遮风挡雨，且有很浓的装饰意味。

6. 板瓦

板瓦并非平板，带有一定的弧度，由筒型陶坯四剖或六剖制成，即弧度为圆筒的 1/4 或 1/6。

7. 筒瓦

筒瓦(图 2-11)是用于大型庙宇、宫殿的窄瓦片，制作时为筒装，成坯为半，经烧制成瓦，一般以黏土为材料，器表饰着较粗的绳纹，器内除素面外还有麻点纹、斜方格纹等纹饰。

图 2-10　牛舌瓦

图 2-11　筒瓦

8. 滴水瓦

滴水瓦是一种中式的瓦，可以保护墙壁的洁净。一端带着下垂的边，底瓦于檐口处，其下端有下垂的圆尖形瓦片，盖房顶时放在檐口，在烧制之前，会被绘上植物或者花卉的线条。

9. 沟头瓦

沟头瓦也称瓦当，是屋檐最前端的一片瓦，瓦面上带有花纹垂挂圆形的挡片。沟头瓦分为圆形和半圆形两种，其中半圆形瓦当主要见于秦朝及以前。

10. 檐口瓦

檐口瓦位于屋面屋檐顶端，比普通的瓦大一点。檐口瓦包括檐口封头、檐口瓦和檐口瓦顶。

1.2　素质素养养成

(1)在查阅资料的过程中，学生可以通过多种渠道，如网络、书籍、材料市场，综合分析整理信息，认真思考，养成严谨端正的工作态度。

(2)胶凝材料、砌块材料等基础材料因建材市场品种多、生产厂家不同、价格不等、材料品质的参差而有所不同；在学习调研时应看清楚建材的型号、标号，有无环保标识，生产厂家等内容，要慧眼识别、仔细区分清楚，选择有企业认证、符合国家生产环保标准、质检合格的基础材料来使用。

(3)培养社会责任感，让学生正确领悟胶凝材料、砌块材料"健康环保"的意义和作用，能在未来的工作中提高人们的居住水平。

1.3 任务实施

1. 学生分组

学生分组表

班级		组号		授课教师	
组长		学号			

组员	姓名	学号	姓名	学号

2. 自主探学

任务工作单 1

组号：_____ 姓名：_____ 学号：_____ 检索号：__2117-1__

引导问题：

查找建筑装饰材料中各种水泥的名称、规格、应用特点，以及砌块材料的类型、名称、规格、应用特点（表 2-1）。

表 2-1　建筑装饰材料等的种类规格和应用特点

序号	材料类型	材料名称	规格	应用特点
1	水泥			
2	砌块材料			

任务工作单 2

组号：_____　　姓名：_____　　学号：_____　　检索号：__2117-2__

引导问题：

根据在任务工作单 2117-1 中查找的内容，认真分析混凝土由什么材料组成，以及强度等级为 C10 的混凝土材料 1 m³ 成分的配制比例，然后动手制作 C10 混凝土，规格为 12 cm×6 cm×5 cm 试块（表 2-2）。

表 2-2　C10 混凝土成分

任务内容	材料名称	每立方米质量/kg	本试块质量/g
C10 混凝土 材料成分			
C10 混凝土 制作过程图片			

3. 合作研学

任务工作单

组号：_____　　姓名：_____　　学号：_____　　检索号：　2118-1

引导问题：

小组成员讨论任务工作单 2117-1、2117-2 的正确答案，教师参与，并分析自己在调研中的不足之处。

_____

_____

4. 展示赏学

任务工作单

组号：_____　　姓名：_____　　学号：_____　　检索号：　2119-1

引导问题：

每组推荐一个小组长，根据任务工作单 2117-1、2117-2 的内容汇报全组情况。组中的其他成员根据汇报情况再次检讨自己的不足之处。

_____

_____

1.4　评价反馈

任务工作单 1

组号：_____　　姓名：_____　　学号：_____　　检索号：　21110-1

自我评价表

班级		组名		日期	年　月　日
评价指标	评价内容			分数	分数评定
信息收集能力	能否有效利用网络、图书资源、市场资源查找有用的相关信息；能否将查到的信息有效地融入学习过程			10 分	
感知课堂生活	能否在学习中获得满足感及课堂生活的认同感			10 分	
参与态度、沟通能力	能否积极、主动地与教师、同学交流，相互尊重、理解、平等；与教师、同学之间能否保持多向、丰富、适宜的信息交流			10 分	
	能否处理好合作学习和独立思考的能力，做到有效学习			10 分	
知识、能力获得	能否正确掌握水泥、砌筑材料的种类、名称、规格、应用特点			20 分	
	能否正确运用材料配比制作混凝土能力			20 分	
辩证思维能力	能否发现问题、提出问题、分析问题、解决问题			10 分	
自我反思	按时保质地完成任务；较好地掌握了知识点；具有较为全面严谨的思考能力，并能条理清楚地表达出来			10 分	
自评分数					
总结提炼					

任务工作单 2

被评价人信息：组号：＿＿＿＿＿　姓名：＿＿＿＿＿　学号：＿＿＿＿＿　检索号：<u>21110-2</u>

小组内互评验收表

验收人组长		组名		日期	年　月　日
组内验收成员					
任务要求	(1)查找建筑装饰材料中各种水泥的名称、规格应用特点，以及砌块材料的类型、名称、规格、应用特点； (2)动手制作 C10 混凝土试块，规格为 12 cm×6 cm×5 cm，将结果呈现出来(文字＋图片)				
文档验收清单	被评价人完成的 2117-1 任务工作单				
	被评价人完成的 2117-2 任务工作单				
	相配套的材料图片及检索资料				
验收评分	评分标准			分数	得分
	能正确掌握水泥、砌筑材料的种类、名称、规格、应用特点，共 10 种类型名称，少一种扣 6 分			60 分	
	(1) C10 混凝土材料成分内容，文字阐述部分，共 4 种材料，缺一处扣 5 分； (2) C10 混凝土试块动手制作部分，照片图片结果步骤呈现，共 5 个关键步骤，缺一处扣 4 分			40 分	
	评价分数				
总体效果定性评价					

任务工作单 3

被评组号：＿＿＿＿＿＿＿＿＿＿＿＿＿＿　　　　　检索号：<u>21110-3</u>

小组间互评表(听取各组组长汇报，其他同学打分)

班级		评价小组		日期	年　月　日
评价指标	评价内容			分数	分数评定
汇报表述	表述准确			20 分	
	语言流畅			15 分	
	准确反映该组完成任务情况			15 分	
内容正确度	表述的内容正确			20 分	
	阐述到位			30 分	
	互评分数				

组号：_____   姓名：_____   学号：_____   检索号：__21110-4__

任务完成情况评价表

任务名称		砌筑材料认知与应用		总得分		
评价依据		学生完成任务后任务工作单				
序号	任务内容及要求		配分	评分标准	教师评价	
					结论	得分
1	能正确掌握水泥、砌筑材料的种类、名称、规格、应用特点	(1)描述正确	30分	共10种，缺一种扣3分		
		(2)语言表达流畅	10分	酌情给分		
2	C10混凝土材料成分内容文字阐述及混凝土试块动手制作部分结果步骤图片呈现	(1)描述文字步骤正确、照片图片完整呈现	27分	共4种材料、5个步骤，缺一种扣3分		
		(2)语言表达流畅	10分	酌情给分		
3	素质素养评价	(1)沟通交流能力	23分	酌情给分，但违反课堂纪律、不听从组长和教师安排的，不得分		
		(2)团队合作				
		(3)课堂纪律				
		(4)自主研学				
		(5)合作探学				
		(6)工作态度				
		(7)环保观念				

任务 2　钢材、型材认知与应用

请说明钢材、型材的特性与应用范围。

掌握钢材、型材的知识及应用。

(1)具备正确识别钢材、型材特性的能力;
(2)具备科学应用钢材、型材的能力。

(1)培养独立思考并分析问题的意识;
(2)培养规范意识;
(3)培养责任意识。

重点
钢材、型材性能的识别。
难点
钢材、型材科学的应用方法。

2.1　相关知识链接

钢材(Steel)是国家建设和实现现代化必不可少的重要物资,其应用广泛、品种繁多。根据断面形状的不同,钢材一般可分为型材、板材、管材和金属制品四大类,也可分为重轨、轻轨、大型型钢、中型型钢、小型型钢、钢材冷弯型钢,优质型钢、线材、中厚钢板、薄钢板、电工用硅钢片、带钢、无缝钢管钢材、焊接钢管、金属制品等。

2.1.1 钢材的特性与应用范围

钢材是钢锭、钢坯或钢材通过压力加工制成所需要的各种形状、规格和性能的材料。大部分钢材加工是通过压力加工，使被加工的钢(坯、锭等)产生塑性变形。根据钢材加工温度不同，钢材的加工方式可分为冷加工和热加工两种。

1. 成品材

(1)建材。建材有螺纹钢(图2-12)、线材、盘螺、圆钢(图2-13)。

(2)管材。管材有无缝管、焊管。

(3)板材。板材有冷、热轧板/卷(图2-14)、中厚板、彩涂板(镀锌板、彩涂板、镀锡板、镀铝锌钢板)、硅钢、带钢。

(4)型材。型材有H型钢(图2-15)、角钢(图2-16)、方钢(图2-17)、扁钢、球扁钢。

图 2-12　螺纹钢

图 2-13　圆钢

图 2-14　热轧板/卷

图 2-15　H型钢

图 2-16　角钢

图 2-17　方钢

2. 特钢

特钢包括结构钢、工具钢、模具钢、弹簧钢、轴承钢、冷镦钢、硬线。

钢是含碳量为0.021 8%～2.11%的铁碳合金。为了保证其韧性和塑性，含碳量一般不超过1.7%。钢中的主要元素除铁、碳外，还有硅、锰、硫、磷等。钢的主要分类方法有如下四种。

（1）按品质分类。

1）普通钢：（P≤0.045％，S≤0.050％）；

2）优质钢：（P、S≤0.035％）；

3）高级优质钢：（P≤0.035％，S≤0.030％）。

（2）按化学成分分类。

1）碳素钢：低碳钢（C≤0.25％）；中碳钢（0.25≤C≤0.60％）；高碳钢（C≥0.60％）。

2）合金钢：低合金钢（合金元素总含量＜5％）；中合金钢（5％≤合金元素总含量≤10％）；高合金钢（合金元素总含量＞10％）。

（3）按成型方法分类。

1）锻钢；

2）铸钢；

3）热轧钢；

4）冷拉钢。

（4）按用途分类。

1）工程用钢：普通碳素结构钢；低合金结构钢；钢筋钢。

2）渗碳钢：渗氮钢；表面淬火用钢；易切结构钢。

3）冷塑性成形用钢：包括冷冲压用钢、冷镦用钢。

4）碳素工具钢；合金工具钢；高速工具钢。

5）特殊性能钢：不锈耐酸钢；耐热钢（包括抗氧化钢、热强钢、气阀钢）；电热合金钢；耐磨钢；低温用钢；电工用钢；桥梁用钢；船舶用钢；锅炉用钢；压力容器用钢；农机用钢等。

2.1.2 型材

型材是铁或钢及具有一定强度和韧性的材料通过轧制、挤出、铸造等工艺制成的具有一定几何形状的物体。这类材料具有外观规格一定，断面呈一定形状，具有一定的力学物理性能。型材既能单独使用也能进一步加工成其他制造品，常用于建筑结构与制造安装。机械工程师可根据设计要求选择型材的具体形状、材质、热处理状态、力学性能等参数，再根据具体的规格形状要求将型材进行分割，而后进一步加工或热处理，达到设计的精度要求。型材的材质、规格等可参照相应的国家标准。

2.1.3 型材的特性与应用范围

1. 品种规格多

型材的品种已达万种以上，而在生产中，除少数专用轧机生产专门产品外，绝大多数型材都可在轧机上进行多品种、多规格生产。

2. 断面形状差异大

在型材产品中，除方、圆、扁钢断面形状简单且差异不大外，大多数复杂断面型材（如工字钢、H型钢、Z型钢、槽钢、钢轨等）不仅断面形状复杂，而且互相之间差异较大，这些产品的孔型设计和轧制生产都有其特殊性；断面形状的复杂性使在轧制过程中金属各部分的变形、断面温度分布及轧辊磨损等都不均匀，因此，轧件尺寸难以精确计算和控制，轧机调整和导卫装置的安装也较复杂；另外，复杂断面型材的单个品种或规格通常批量较小。上述因素使复杂断面型材连轧技术发展难度大。

3. 轧机的结构形式和布置形式较多

轧机在结构形式上有二辊式轧机、三辊式轧机、四辊万能孔型轧机、多辊孔型轧机、Y 形轧机、45°轧机和悬臂式轧机等。轧机在布置形式上有横列式轧机、顺列式轧机、棋盘式轧机、半连续式轧机和连续式轧机等。

2.1.4 分类

1. 按生产方法分类

型材按生产方法可分为热轧型材、冷弯型材、冷轧型材、冷拔型材、挤压型材、锻压型材、热弯型材、焊接型材和特殊轧制型材等。

2. 按断面形状分类

型材按横断面形状可分为简单断面型材和复杂断面型材。简单断面型材的横断面对称、外形比较均匀、简单，如圆钢、线材、方钢和扁钢等；复杂断面型材又称为异形断面型材，其特征是横断面具有明显凹凸分支。因此又可以进一步分为凸缘型材、多台阶型材、宽薄型材、局部特殊加工型材、不规则曲线型材、复合型材、周期断面型材和金属丝材等。

3. 按使用部门分类

型材按使用部门可分为铁路用型材(钢轨、鱼尾板、道岔用轨型、车轮、轮箍)、汽车用型材(轮辋、轮胎挡圈和锁圈)、造船用型材(L 型钢、球扁钢、Z 型钢、船用窗框钢)、结构和建筑用型材(H 型钢、工字钢、槽钢、角钢、起重机钢轨、窗框和门框用材、钢板桩等)、矿山用钢(U 型钢、槽帮钢、矿用工字钢、刮板钢等)、机械制造用异型材等。

4. 按断面尺寸大小分类

型材按断面尺寸可分为大型型材、中型型材和小型型材，其划分常以它们分别适合在大型、中型和小型轧机上轧制来分类。大型、中型和小型的区分实际上并不严格。另外，还有用单重(kg/m)来区分的方法。一般认为，单重在 5 kg/m 以下的是小型材；单重为 5～20 kg/m 的是中型材；单重超过 20 kg/m 的是大型材。

2.2 素质素养养成

(1)在查阅资料的过程中，学生可以通过多种渠道，如网络、书籍、材料市场，综合分析、整理相关信息，认真思考，养成严谨的工作态度。

(2)钢材、型材等建筑结构材料，因建材市场品种多、生产厂家不同、价格不等、建材的品质也有所不同。在学习调研时，学生应仔细区分清楚，选择具有企业认证、符合国家生产标准、质检合格、有质量保证的建材。

(3)培养学生的工作岗位责任意识。正确认识钢材、型材结构建材在建筑中的主导地位，不能随便替换材料使用，掌握钢材、型材的特性与应用范围。

2.3 任务实施

1. 学生分组

学生分组表

班级		组号		授课教师	
组长		学号			
组员	姓名	学号		姓名	学号

2. 自主探学

任务工作单 1

组号：_____   姓名：_____   学号：_____   检索号：__2127-1__

引导问题：

查找建筑装饰材料中钢材、型材等结构建材的名称、型号(规格)及应用特点(表 2-3)。

表 2-3　结构建材的名称、型号及应用特点

材料类型	序号	名称	型号(规格)	应用特点
钢材型材				

组号：_____ 姓名：_____ 学号：_____ 检索号：__2127-2__

引导问题：

根据任务工作单 2127-1 查找的内容，认真分析下面的施工现场图片，查找图 2-18～图 2-20 中室内搭建楼梯部分所使用的钢材型材内容并填写到表 2-4 中。

表 2-4　室内搭建楼梯所使用的型材

施工现场图片	图 2-18　施工现场(一)　图 2-19　施工现场(二)　图 2-20　施工现场(三)			
室内搭建楼梯所使用的型材	序号	名称	型号(规格)	应用部位

3. 合作研学

组号：_____ 姓名：_____ 学号：_____ 检索号：__2128-1__

引导问题：

小组讨论任务工作单 2127-1、2127-2 的正确答案，教师参与，并分析自己在调研中的不足之处。

_____

_____

_____

_____

4. 展示赏学

任务工作单

组号：_____　　姓名：_____　　学号：_____　　检索号：<u>2129-1</u>

引导问题：

每组推荐一个小组长，根据任务工作单 2127-1、2127-2 的内容汇报全组情况。组中的其他成员根据汇报情况再次检讨自己的不足之处。

_____

_____

_____

_____

_____

_____

2.4　评价反馈

任务工作单 1

组号：_____　　姓名：_____　　学号：_____　　检索号：<u>21210-1</u>

自我评价表

班级			日期	年　月　日
评价指标	评价内容		分数	分数评定
信息收集能力	能否有效利用网络、图书资源、材料市场资源查找有用的相关信息；能将查到的信息有效地传递到学习中		10分	
感知课堂生活	能否在学习中获得满足感及课堂生活的认同感		10分	
参与态度、沟通能力	能否积极、主动地与教师、同学交流，相互尊重、理解、平等；与教师、同学之间能否保持多向、丰富、适宜的信息交流		10分	
	能否处理好合作学习和独立思考的能力，做到有效学习		10分	
知识、能力获得	能否正确掌握钢材、型材的种类、名称、规格、应用特点		20分	
	能否正确运用钢材型材材料配比制作室内楼梯搭建方案能力		20分	
辩证思维能力	能否发现问题、提出问题、分析问题、解决问题		10分	
自我反思	按时保质地完成任务；较好地掌握了知识点；具有较为全面严谨的思考能力，并能条理清楚地表达出来		10分	
自评分数				
总结提炼				

任务工作单 2

被评价人信息：组号：_____ 姓名：_____ 学号：_____ 检索号：__21210-2__

小组内互评验收表

验收人组长		组名		日期	年 月 日
组内验收成员					
任务要求	(1)查找建筑装饰材料中钢材、型材结构建材类的名称、型号、应用特点； (2)根据施工现场图片，查找分析室内搭建楼梯所使用的钢材型材名称、型号、应用部位				
文档验收清单	被评价人完成的 2127-1 任务工作单				
	被评价人完成的 2127-2 任务工作单				
	相配套的材料图片及检索资料				
验收评分	评分标准			分数	得分
	正确掌握钢材、型材结构建材类的名称、型号、应用特点，共 10 种类型名称，少一种扣 4 分			40 分	
	分析室内搭建楼梯所使用的钢材型材名称、型号、应用部位，共 6 个关键步骤，缺一处扣 10 分			60 分	
	评价分数				
总体效果定性评价					

任务工作单 3

被评组号：_____ 检索号：__21210-3__

小组间互评表(听取各组组长汇报，其他同学打分)

班级		评价小组		日期	年 月 日
评价指标	评价内容			分数	分数评定
汇报表述	表述准确			20 分	
	语言流畅			15 分	
	准确反映应该组完成任务情况			15 分	
内容正确度	表述的内容正确			20 分	
	阐述到位			30 分	
	互评分数				

任务工作单 4

组号：_____ 姓名：_____ 学号：_____ 检索号：<u>21210-4</u>

任务完成情况评价表

任务名称		钢材、型材认知与应用		总得分	
评价依据		学生完成任务后任务工作单			

序号	任务内容及要求		配分	评分标准	教师评价	
					结论	得分
1	正确掌握钢材、型材结构建材类的名称、型号、应用特点	（1）描述正确	40分	共10种，缺一种扣4分		
		（2）语言表达流畅	10分	酌情给分		
2	正确分析室内搭建楼梯所使用的钢材型材名称、型号、应用部位	（1）描述正确、步骤正确、完整呈现	24分	共6种，缺一种扣4分		
		（2）语言表达流畅	10分	酌情给分		
3	素质素养评价	（1）沟通交流能力	16分	酌情给分，但违反课堂纪律、不听从组长和教师安排的，不得分		
		（2）团队合作				
		（3）课堂纪律				
		（4）自主研学				
		（5）合作探学				
		（6）工作态度				
		（7）环保观念				

项目 2   功能材料认知与应用

任务 1   防水、防火、保温材料认知与应用

任务描述

请说明防水、防火、保温材料的特性与应用方法，并完成不同空间防水、防火、保温材料的配制单。

知识目标

(1)掌握防水、防火、保温材料的特性及使用范围；

(2)掌握防水、防火、保温材料的应用方法。

能力目标

(1)具备正确描述建筑装饰装修防水、防火、保温材料的基本特性及使用范围的能力；

(2)具备能针对不同空间性质进行防水、防火、保温材料的应用配制的能力。

素养目标

(1)培养独立思考并分析问题的意识；

(2)培养规范意识；

(3)培养责任意识。

重难点

重点

防水、防火、保温材料性能的识别。

难点

防水、防火、保温材料科学的应用。

1.1 相关知识链接

建筑是为人们带来安全与生活便利。但自然界的风、霜、雨、雪对于建筑外表面结构与材料也是一个严峻的考验。上下水带给使用者便利的同时，也存在渗漏的问题，除材料自身要具备抵御能力外，合理正确的施工方法与构造会直接影响材料的防水、防潮功能。

"百年大计，防火第一"是设计师永远要重视的课题，无数的火灾带来了惨痛教训，其中的钢骨架、木构架的坍塌都或多或少地存在材料防火与防腐措施的问题。

随着国家提倡绿色节能的建筑装修理念，节能材料在很大程度上解决了能源的损耗，大幅展现了材料的功能性优势。

1.1.1 防水、防潮材料

受潮损害是建筑物中普遍而难以消除的常见病患之一。建筑受潮在施工过程中发展，使用后缓慢发生。造成建筑物潮湿的机会很多，如环境空气潮湿，给水排水管道破损滴漏，地下水毛细上升引起墙体泛潮，墙体两侧存在温差或存在水蒸气浓度差使墙体受潮。

目前，市面上采用的防潮材料有防水卷材和防水涂料，在耐水性、温度变化的稳定性、机械强度、延展性、抗断裂性等方面具有不同性能。

1. 沥青

(1)沥青。沥青是一种有机胶凝材料，是复杂的高分子碳氢化合物及非金属(氧、硫、氮等)衍生物的混合物。在常温下呈固体、半固体或液体状态。沥青的颜色由黑褐色至黑色，能溶于多种有机溶液。沥青具有结构致密、粘结力良好，不导电、不吸水，耐酸、耐碱、耐腐蚀等性能。

(2)石油沥青。石油沥青是由石油原油或石油衍生物经过常压或减压蒸馏，提炼出汽油、煤油、柴油、润滑油等轻质油分后的残渣，经加工制成的一种产品。

(3)焦油沥青。焦油沥青俗称柏油，是在隔绝空气的情况下，干馏各种固体或液体燃料及其他有机材料所得的副产品。焦油沥青包括煤焦油蒸馏后的残余物即煤焦油沥青，木焦油蒸馏后的残余物即木焦沥青。这类沥青具有良好的防腐性能和特强的黏结性能，主要用于铺筑路面、制取染料、配制胶粘剂、制作涂料、嵌缝油膏和油毡等。

(4)改性沥青。改性沥青可分为橡胶改性沥青、树脂改性沥青、高聚物改性沥青、矿物填充料改性沥青。

2. 沥青防水卷材

(1)纸胎油毡。纸胎油毡即传统"三毡四油"中的防水卷材。

(2)石油沥青玻璃布胎油毡。石油沥青玻璃布胎油毡的抗拉强度高于500号纸胎石油沥青油毡，且耐腐蚀性较强、柔韧性较好、耐久性好。

(3)铝箔面油毡。铝箔面油毡就是玻璃纤维毡胎铝箔面沥青防水卷材，其胎体为玻璃纤维毡。它是在胎体浸涂氧化石油沥青，并在上面用压纹，铝箔贴面，底面撒布细颗粒矿物材料或覆盖聚乙烯膜所制成的具有热反射和装饰功能的一种防水卷材。它的耐水性、耐腐蚀性(耐酸耐碱)、耐久年限长，拉伸强度中等，延伸率不高，质地较脆，性能优于原纸胎沥青防水卷材。

3. 改性沥青防水卷材

(1)SBS改性沥青防水卷材(寒冷地区使用)。SBS改性沥青防水卷材是以SBS橡胶改性石油沥青作为浸渍覆盖层,以聚酯纤维无纺布、黄麻布、玻纤毡等分别制作为胎基,以塑料薄膜为防粘隔离层,经选材、配料、共熔、浸渍、复合成型、卷曲等工序加工制作。SBS改性沥青防水卷材具有很好的耐高温性能,可以在−25～100 ℃的温度范围内使用,有较高的弹性和耐疲劳性,以及高达150%的伸长率和较强的耐穿刺能力、耐撕裂能力。SBS改性沥青防水卷材适用于寒冷地区,以及变形和振动较大的工业与民用建筑的防水工程。其性能特点:低温柔性好,达到−25 ℃不裂纹;耐热性能好,90 ℃不流淌;延伸性能好,使用寿命长,施工简便,污染小等。SBS改性沥青防水卷材适用于Ⅰ级、Ⅱ级建筑的防水工程,尤其适用于低温寒冷地区和结构变形频繁的建筑防水工程。SBS改性沥青防水卷材按物理指标分为Ⅰ(−20 ℃)、Ⅱ(−25 ℃)型两大类。SBS防水卷材按胎基可分为聚酯胎、玻纤胎两大类;按覆面材料可分为PE膜(镀铝膜)、彩砂、页岩片、细砂四大类;幅宽为1 000 mm,幅长有10 m、15 m两种规格;厚度为聚酯毡卷材3 mm、4 mm、5 mm;玻纤毡卷材3 mm、4 mm;玻纤增强聚酯毡卷材5 mm。其广泛应用于工业和民用建筑的屋面、地下室、卫生间等防水工程,以及屋顶花园、道路、桥梁、隧道、停车场、游泳池等工程的防水、防潮。变形较大的工程建议选用延伸性能优异的聚酯胎产品,其他建筑宜选用相对经济的玻纤胎产品。

(2)APP改性沥青防水卷材(在炎热地区使用)。APP改性沥青防水卷材是以聚酯毡或玻纤毡为胎基,无规聚丙烯(APP)或聚烯烃类聚合物(APAO、APO)做改性沥青为浸涂层,两面覆以隔离材料制成的防水卷材,聚酯胎卷材厚度分为3 mm和4 mm。与SBS改性沥青防水卷材相比,APP改性沥青防水卷材具有更好的耐高温性能,更适用于炎热地区。APP改性沥青防水卷材是以聚酯毡或玻纤毡为胎基,无规聚丙烯(APP)或聚烯烃类聚合物(APAO、APO)做改性沥青为浸涂层,两面覆以隔离材料制成的防水卷材,聚酯胎卷材厚度分为3 mm和4 mm。与SBS改性沥青防水卷材相比,APP改性沥青防水卷材具有更好的耐高温性能,更适用于炎热地区。

(3)PVC改性沥青防水卷材。PVC改性沥青防水卷材是以SBS橡胶改性石油沥青引为侵渍覆盖层,以聚酯纤维无纺布、黄麻布、玻纤毡等分别制作为胎基,以塑料薄膜为防粘隔离层,经选材、配料、共熔、侵渍、复合成型、卷曲等工序加工制成的一种防水卷材。这种卷材具有很好的耐高温性能,可以在−25～100 ℃的使用,有较高的弹性和耐疲劳性,以及高达1500%的伸长率和较强的耐穿刺能力、耐撕裂能力,适用于寒冷地区,以及变形和振动较大的工业与民用建筑的防水工程。其性能特点:低温柔性好,达到−25 ℃不裂纹;耐热性能高,90 ℃不流淌;延伸性能好,使用寿命长,施工简便,污染小等。其适用于Ⅰ级、Ⅱ级建筑的防水工程,尤其适用于低温寒冷地区和结构变形频繁的建筑防水工程。

(4)再生胶改性沥青防水卷材。再生胶改性沥青防水卷材是以聚酯毡为胎基,以再生橡胶改性石油沥青为浸渍涂盖层,以塑料薄膜为隔离层,经过选材、配料、混合共熔、浸渍、复合、冷却、检验、分卷、包装等工序加工制成的一类防水卷材。

4. 合成高分子防水卷材

(1)三元乙丙橡胶防水卷材。三元乙丙橡胶防水卷材是由三元乙丙橡胶(乙烯、丙烯和少量双环戊二烯共聚合成的高分子聚合物)、硫化剂、促进剂等,经压延或挤出工艺制成的高分子卷材。

（2）氯化聚乙烯防水卷材。氯化聚乙烯防水卷材是以氯化聚乙烯树脂为主要原料，加入多种化学助剂，经混炼、挤出成型和硫化等工序加工制成的防水卷材。氯化聚乙烯防水卷材按有无复合层分类，无复合层的为 N 类，用纤维单面复合的为 L 类，织物内增强的为 W 类。每类产品按理化性能分为Ⅰ型和Ⅱ型。

（3）聚氯乙烯（PVC）防水卷材。聚氯乙烯（PVC）防水卷材是一种性能优异的高分子防水材料。其以聚氯乙烯树脂为主要原料，加入各类专用助剂和抗老化组分，采用先进设备和先进的工艺生产制成。该产品具有拉伸强度大、延伸率高、收缩率小、低温柔性好、使用寿命长等特点，产品性能稳定、质量可靠、施工方便。

5. 防水涂料

（1）沥青玛琋脂。沥青玛琋脂是在沥青中加入适量的粉状或纤维状填充料配制而成的一种胶结材料。它具有良好的耐热性、粘结力和柔韧性。其应用范围很广，普遍用于黏结防水卷材等。

（2）冷底子油。冷底子油是由 30 号或 10 号建筑石油沥青或软化点为 50～70 ℃的焦油沥青加入溶剂（轻柴油、蒽油、煤油、汽油或苯等，但在焦油沥青冷底子油中，只能使用蒽油或苯）制成的溶液。冷底子油的流动性好，便于涂刷。它主要用于涂刷在水泥砂浆或混凝土基层，也可用于金属配件的基层处理，提高沥青类防水卷材与基层的黏结性能。

（3）水性聚氨酯防水涂料。水性聚氨酯防水涂料是一种环保型高分子聚合物弹性防水材料，产品无毒无味，具有良好的黏结和不透水性，对砂浆水泥基石面和石材，金属制品都有很强的黏附力，产品的化学性质稳定，能长期经受日光的照射，强度高，延伸率大，弹性好，防水效果好。

1.1.2 防火材料

防火材料是指建筑装饰装修中具有防止或阻滞火焰蔓延性能的材料。其按照防火性能可分为不燃材料、难燃材料、可燃材料和易燃材料四类。不燃材料不会燃烧，难燃材料虽可燃烧，但具阻燃性，即难起火、难炭化，在火源移开后燃烧即可停止，故又称阻燃材料。难燃材料除少数本身具有阻燃功能外，在多数场合，是采用阻燃剂、防火浸渍剂或防火涂料等对易燃材料进行阻燃处理而制得的。从防火安全出发，在建筑装饰装修中应尽量采用防火材料代替易燃材料，以减少火灾荷载和降低火灾蔓延速度。常用的防火材料包括防火板、防火门、防火木制品、防火玻璃、防火涂料。

1. 防火板

防火板是目前市场上最为常用的材质，常用的有两种：一种是高压装饰耐火板，其优点是防火、防潮、耐磨、耐油、易清洗，而且花色品种较多；另一种是玻镁防火板，其外层是装饰材料，内层是矿物玻镁防火材料，可抗 1 500 ℃高温，但装饰性不强。在建筑物出口通道、楼梯井和走廊等处装设防火吊顶可以确保火灾时人们安全疏散，并保护人们免受蔓延火势的侵袭。

2. 防火门

防火门可分为木质防火门、钢质防火门和不锈钢防火门。通常，防火门设置在防火墙的开口、楼梯间出入口、疏散走道、管道井开口等部位，对防火分隔、减少火灾损失起着重要的作用（图 2-21）。

图 2-21　防火门

3. 防火木制品（防火防蛀木材）

防火防蛀木材是先将普通木材放入含有钙、铝等阳离子的溶液中浸泡，然后放入含有磷酸根和硅酸根等阴离子的溶液中浸泡而成的一种木制品。这样，两种离子就会在木材中发生化学反应，形成类似陶瓷的物质，并紧密地充填到细胞组织的空隙中，从而使木材具有防火和防蛀的性能。

4. 防火玻璃

防火玻璃具有良好的透光性能和耐火、隔热、隔声性能。常见的防火玻璃有夹层复合防火玻璃、夹丝防火玻璃和中空防火玻璃三种。防火玻璃是金融保险、珠宝金行、图书档案、文物贵重物品收藏、财务结算等重要场所和商厦、宾馆、影剧院、医院、机场、计算机房、车站码头等公共建筑，以及其他设有防火分隔要求的工业与民用建筑的防火门、窗和防火隔墙等范围的理想防火材料。

5. 防火涂料

防火涂料是一类特制的防火保护涂料。其由氯化橡胶、石蜡和多种防火添加剂组成，耐火性好，将其施涂于普通电线表面，遇火时膨胀产生 200 mm 厚的泡沫，然后碳化成保护层，隔绝火源。防火涂料适用于发电厂、变电所之类等级较高的建筑物室内外电缆线的防火保护。

1.1.3　保温材料

建筑物隔热保温是节约能源、改善居住环境和使用功能的一个重要方面。建筑能耗在人类整个能源消耗中所占比例一般为 30%～40%，绝大部分是采暖和空调的能耗，故建筑节能具有重要的意义。保温材料一般是指热系数小于或等于 0.12 的材料。保温材料发展得很快，因此，在建筑中采用良好的保温技术与材料，往往可以起到事半功倍的效果。

1. 软陶保温材料

软陶保温材料以天然泥土、石粉等无机物为原料，经分类混合、复合改性后，在光化异构及曲线温度下成型的一种保温材料，抗震、抗裂、耐冻融、抗污自洁等性能都非常优越。

2. 硅酸铝保温材料

硅酸铝保温材料又称为硅酸铝复合保温涂料，是一种新型的环保墙体保温材料。硅酸铝复合保温涂料以天然纤维为主要原料，添加一定量的无机辅料经复合加工制成的一种新型绿色无机单组分包装干粉保温涂料，施工前，将保温涂料用水调配后批刮在被保温的墙体表面，干燥后可形成一种微孔网状的、具有高强度结构的保温绝热层。

3. 酚醛泡沫材料

酚醛泡沫材料属于高分子有机硬质铝箔泡沫产品，是由热固性酚醛树脂发泡而成的，它具有轻质、防火、遇明火不燃烧、无烟、无毒、无滴落，使用温度范围广（－196～200 ℃），低温环境下不收缩、不脆化，是暖通制冷工程理想的绝热材料，由于酚醛泡沫闭孔率高，导热系数低，隔热性能好，并具有抗水性和水蒸气渗透性，是理想的保温节能材料（图 2-22）。

图 2-22　酚醛泡沫材料

4. 无机保温砂浆

无机保温砂浆是一种用于建筑物内外墙粉刷的新型保温节能砂浆材料，以无机类的轻质保温颗粒作为轻集料，与由胶凝材料、抗裂添加剂及其他填充料等组成的干粉砂浆。

5. EPG 胶粉聚苯颗粒

EPG 胶粉聚苯颗粒保温材料是以预混合型干拌砂浆为主要胶凝材料，加入适当的抗裂纤维及多种添加剂，再以聚苯乙烯泡沫颗粒为轻集料，按比例配制而成的保温材料，其在现场加以搅拌均匀即可在外墙内外表面使用，施工方便，且保温效果较好。

6. 挤塑板

采用 XPS 聚苯乙烯挤塑板作为建筑物的外墙保温材料叫做挤塑板（图 2-23）。

图 2-23　挤塑板

7. 聚苯板

EPS 膨胀聚苯板薄抹灰外墙外保温材料是采用聚苯乙烯泡沫塑料板（以下简称"聚苯板"）作为建筑物的外墙保温材料。

8. 橡塑保温材料

建筑物的外保护层可以选用橡塑保温材料来增强保温层的抗压强度和防腐能力。

1.2 素质素养养成

（1）在查阅资料的过程中，学生可以通过多种渠道，如网络、书籍、材料市场，综合分析整理信息，认真思考，养成严谨端正的工作态度。

（2）防火、防水、保温材料选择范围较广，种类繁多，不同装饰界面的材料都有对应的质量标准，如《建筑内部装修设计防火规范》(GB 50222—2017)、《住宅室内装饰装修工程质量验收规范》(JGJ/T 304—2013)、《民用建筑工程室内环境污染控制标准》(GB 50325—2020)等。在分析、选材的过程中，一定要保障选材主要指标合格。

（3）防火、防水、保温材料属于隐蔽工程使用材料，由于其特殊性，在装饰装修过程中，对于其的质量及使用标准极易被忽视，常常有以次充好的材料。如果使用不当，在后期使用过程中检修与维护成本高、难度大，所以同学们一定要选用符合设计要求与国家质量标准的材料。

1.3 任务实施

1. 学生分组

学生分组表

班级		组号		授课教师	
组长		学号			
组员	姓名		学号	姓名	学号

2. 自主探学

任务工作单 1

组号：＿＿＿＿＿＿　　姓名：＿＿＿＿＿＿　　学号：＿＿＿＿＿＿　　检索号：<u>2217-1</u>

引导问题：

(1)谈谈你对建筑装饰装修防水、防火、保温材料的认识。

＿＿＿＿＿＿＿＿＿＿＿＿＿＿＿＿＿＿＿＿＿＿＿＿＿＿＿＿＿＿＿＿＿＿＿＿＿

＿＿＿＿＿＿＿＿＿＿＿＿＿＿＿＿＿＿＿＿＿＿＿＿＿＿＿＿＿＿＿＿＿＿＿＿＿

＿＿＿＿＿＿＿＿＿＿＿＿＿＿＿＿＿＿＿＿＿＿＿＿＿＿＿＿＿＿＿＿＿＿＿＿＿

(2)简述防水、防火、保温材料对建筑装饰装修的影响。

＿＿＿＿＿＿＿＿＿＿＿＿＿＿＿＿＿＿＿＿＿＿＿＿＿＿＿＿＿＿＿＿＿＿＿＿＿

＿＿＿＿＿＿＿＿＿＿＿＿＿＿＿＿＿＿＿＿＿＿＿＿＿＿＿＿＿＿＿＿＿＿＿＿＿

＿＿＿＿＿＿＿＿＿＿＿＿＿＿＿＿＿＿＿＿＿＿＿＿＿＿＿＿＿＿＿＿＿＿＿＿＿

任务工作单 2

组号：＿＿＿＿＿＿　　姓名：＿＿＿＿＿＿　　学号：＿＿＿＿＿＿　　检索号：<u>2217-2</u>

引导问题：

(1)列举在室内建筑装饰装修中的哪些位置有防水、防火、保温材料。

＿＿＿＿＿＿＿＿＿＿＿＿＿＿＿＿＿＿＿＿＿＿＿＿＿＿＿＿＿＿＿＿＿＿＿＿＿

＿＿＿＿＿＿＿＿＿＿＿＿＿＿＿＿＿＿＿＿＿＿＿＿＿＿＿＿＿＿＿＿＿＿＿＿＿

＿＿＿＿＿＿＿＿＿＿＿＿＿＿＿＿＿＿＿＿＿＿＿＿＿＿＿＿＿＿＿＿＿＿＿＿＿

(2)请列举空间类型各界面的防水、防火、保温材料配制方案(表2-5)。

表2-5　空间类型各界面的防水、防火、保温材料配制方案

序号	空间类型	界面	材料名称	说明
1	某住宅厨房空间	墙面		
		顶面		
		地面		
2	某餐饮空间大堂	墙面		
		顶面		
		地面		

序号	空间类型	界面	材料名称	说明
3	某办公空间茶水间	墙面		
		顶面		
		地面		

3. 合作研学

任务工作单

组号：_____　　姓名：_____　　学号：_____　　检索号：__2218-1__

引导问题：

(1)小组讨论并确定任务工作单 2217-1、2217-2 的最优答案，教师参与，然后检讨自己的不足之处。

_____

_____

_____

_____

_____

_____

_____

_____

(2)每组推荐一个小组长汇报全组情况。组中的其他成员根据汇报情况再次检讨自己的不足之处。

_____

_____

_____

_____

_____

_____

_____

_____

4. 展示赏学

组号：_____   姓名：_____   学号：_____   检索号：2219-1

引导问题：

每组推荐一个小组长，根据任务工作单 2217-1、2217-2 的内容汇报全组情况。组中的其他成员根据汇报情况再次检讨自己的不足之处。

_____

_____

_____

_____

_____

1.4 评价反馈

任务工作单 1

组号：_____   姓名：_____   学号：_____   检索号：22110-1

自我评价表

班级		组名		日期	年 月 日
评价指标	评价内容			分数	分数评定
信息收集能力	能否有效利用网络、图书资源、市场资源查找有用的相关信息；能否将查到的信息有效地融入学习过程			10 分	
感知课堂生活	能否在学习中获得满足感及课堂生活的认同感			10 分	
参与态度、沟通能力	能否积极、主动地与教师、同学交流，相互尊重、理解、平等；与教师、同学之间能否保持多向、丰富、适宜的信息交流			15 分	
	能否处理好合作学习和独立思考的关系，做到有效学习；能否提出有意义的问题或能发表个人见解			10 分	
知识、能力获得	能否正确识别并描述建筑装饰装修防水、防火、保温材料的特性及使用范围			10 分	
	能否科学运用建筑装饰装修防水、防火、保温材料进行应用配制			10 分	
辩证思维能力	能否发现问题、提出问题、分析问题、解决问题			10 分	
自我反思	按时保质地完成任务；较好地掌握了知识点；具有较为全面严谨的思考能力，并能条理清楚地表达出来			25 分	
自评分数					
总结提炼					

任务工作单 2

被评价人信息：组号：_____   姓名：_____   学号：_____   检索号：<u>22110-2</u>

小组内互评验收表

验收人组长		组名		日期	年　月　日
组内验收成员					
任务要求	正确识别建筑装饰装修防水、防火、保温材料的特性及使用范围；能科学运用建筑装饰装修防水、防火、保温材料进行配制				
文档验收清单	被评价人完成的 2217-1 任务工作单				
	被评价人完成的 2217-2 任务工作单				
	相配套的材料图片及检索资料				
验收评分	评分标准			分数	得分
	能正确描述建筑装饰装修防水、防火、保温材料的基本特性及使用范围，每类至少 5 种，共 3 类，缺一处扣 3 分			50 分	
	能针对不同空间性质进行防水、防火、保温材料的应用进行配制，每类至少 2 种，共 3 类空间，9 处界面，少一处扣 2 分，直至扣完为止			30 分	
	相配套的材料图片及检索资料，共 2 份，少一份扣 5 分			20 分	
	评价分数				
总体效果定性评价					

任务工作单 3

被评组号：_____   检索号：<u>22110-3</u>

小组间互评表（听取各组组长汇报，其他同学打分）

班级		评价小组		日期	年　月　日
评价指标	评价内容			分数	分数评定
汇报表述	表述准确			15 分	
	语言流畅			10 分	
	准确反映该组完成任务情况			15 分	
内容正确度	表述的内容正确			30 分	
	阐述到位			30 分	
	互评分数				

组号：_____   姓名：_____   学号：_____   检索号：__22110-4__

任务完成情况评价表

任务名称	防水、防火、保温材料认知与应用		总得分			
评价依据	学生完成任务后任务工作单					
序号	任务内容及要求		配分	评分标准	教师评价	
					结论	得分
1	能正确描述建筑装饰装修防水、防火、保温材料的基本特性及使用范围	(1)描述正确	30分	缺一个要点扣2分		
		(2)语言表达流畅	15分	酌情给分		
2	能针对不同空间性质进行防水、防火、保温材料的应用配制	(1)涉及哪几种空间	10分	缺一个要点扣2分		
		(2)每一种空间的配制注意要点	20分	缺一个要点扣2分		
3	相配套的材料图片及检索资料	(1)数量	5分	共2份，每少一份扣5分		
		(2)参考的主要内容要点	5分	酌情给分		
4	素质素养评价	(1)沟通交流能力	15分	酌情给分，但违反课堂纪律、不听从组长和教师安排的，不得分		
		(2)团队合作				
		(3)课堂纪律				
		(4)自主研学				
		(5)合作探学				
		(6)工作态度				
		(7)法律意识				
		(8)环保理念				

任务 2　电气、水暖材料认知与应用

　　请说明电气、水暖材料的特性与应用方法，并完成不同功能空间电气、水暖材料的配制单。

　　(1)掌握电气、水暖材料的特性及使用范围；
　　(2)掌握电气、水暖材料的应用。

　　(1)具备正确描述建筑装饰装修电气、水暖材料的基本特性及使用范围的能力；
　　(2)具备能针对不同空间性质进行电气、水暖材料的应用和配制能力。

　　(1)培养独立思考并分析问题的意识；
　　(2)培养规范意识；
　　(3)培养责任意识。

重点
电气、水暖材料性能的识别。
难点
电气、水暖材料科学的应用。

2.1　相关知识链接

　　随着生活水平的提高，人们对于生活环境的要求也越来越高，大多数建筑安装有水、暖、电三位一体的配套设施。然而在使用过程中，受许多外在因素的干扰，建筑的水暖电材料质量无法得到保证。随着"绿色节能"建筑装修理念的推广，节能的电气、水暖材料成为未来的发展趋势。

2.1.1 电改材料

改造室内装饰装修电路使用的电路的材料大致可分为三类，即线管和底盒，电线，开关插座面板。

1. 线管和底盒

（1）PVC阻燃型线管、底盒。PVC阻燃型线管、底盒在室内装饰装修中应用广泛。这种管材阻燃性能非常好，材料柔韧性也比较好。PVC阻燃型线管的这两点特性就决定了它非常适用于室内装饰装修及楼房主体电路施工（图2-24）。

图2-24 PVC阻燃型线管和底盒

（2）JDG镀锌铁管与铁盒。JDG镀锌铁管机械强度高，导热快，在发热情况下容易散热，但进水后特别容易生锈，生锈之后会腐蚀电线，从而导致漏电跳闸（图2-25）。

图2-25 JDG镀锌铁管与铁盒

（3）黄腊管。黄腊管的硬度很高，但是在柔韧性方面远远不如PVC阻燃型线管，容易开裂，且阻燃性能较差（图2-26）。

2. 电线

绝缘电线又可按每根导线的股数分为单股线和多股线。通常截面面积在6 mm² 以上的绝缘电线都是多股线；截面面积在6 mm² 及6 mm² 以下的绝缘电线可以是单股线，也可以是多股线，又把截面面积6 mm² 及6 mm² 以下的单

图2-26 黄腊管

股线称为硬线，多股线称为软线。硬线用"B"表示，软线用"R"表示。

B系列归类属于布电线，所以开头用B。

V就是PVC聚氯乙烯，也就是塑料。

L就是铝芯的代码。

R 就是软的意思，要做到软，就是增加导体根数。

电线常用的绝缘材料有聚氯乙烯和聚乙烯两种。聚氯乙烯用"V"表示；聚乙烯用"Y"表示。

绝缘电线按固定在一起的相互绝缘的导线根数，可分为单芯线和多芯线，多芯线也可把以将多根单芯线固定在一个绝缘护套内。同一护套内的多芯线可多到 24 芯。平行的多芯线用"B"表示，绞型的多芯线用"S"表示。

（1）BV 线。BV 线即聚氯乙烯或聚乙烯绝缘的 BV 线，适用于电器仪表设备及动力照明固定布线，价格低，电阻小（图 2-27 和图 2-28）。

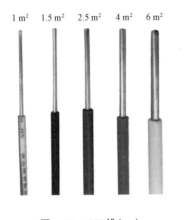

图 2-27　BV 线（一）　　　　　　图 2-28　BV 线（二）

（2）BVR 线。BVR 线即铜芯聚氯乙烯绝缘软线。在国际电工委员会上规定的，BVR 的范围是 2.5～70 mm。

（3）RVVP。RVVP 即铜芯聚氯乙烯绝缘屏蔽聚氯乙烯护套软电缆，电压 300 V/300 V 2～24 芯。主要质量指标有线径（包括芯线和编织丝，并不是越粗越好，用杂质铜的要达到电阻标准而做得很粗）、铜芯纯度、编织密度、绞距。

RVVP 的用途有仪器、仪表、对讲、监控、控制安装。

（4）UTP。UTP 即局域网电缆，其适用于传输电话、计算机数据、防火、防盗保安系统、智能楼宇信息网，常用 UTPCAT5。UTPCAT5E 带屏蔽型号为 STP。

（5）KVVP。KVVP 即聚氯乙烯护套编织屏蔽电缆，用于电器、仪表、配电装置的信号传输、控制、测量 SYWV(Y)、SYKV 有线电视、宽带网专用电缆结构：（同轴电缆）单根无氧圆铜线＋物理发泡聚乙烯（绝缘）＋（镀锡丝＋铝）＋聚氯乙烯（聚乙烯）（等同美标 RG－6，RG－59）。

（6）AVVR。AVVR 即聚氯乙烯护套安装用软电缆（截面面积为 0.12～0.5 mm²，芯线数为 1～24），其适用于信号、控制，如门禁信号、控制，云台控制等。

（7）RIB。RIB 即音箱连接线（发烧线、金银线）有些音响线的型号标注上常有"6N""7N"的字样，其意义是用来表示使用金属材料制作的发烧线的纯度的高低。如"99.9999％"，就可以用"6N"表示，即说明其纯度是 6 个 9。N 前面的数字越大说明音响线的纯度就越高。

3. 开关插座面板

（1）单联/双联/三联/四联开关。也称一开/两开/三开/四开（图 2-29）。

（2）单控开关。单控开关在家庭电路中最常见，也就是一个开关控制一件或多件电器，根据所联电器的数量又可以分为单控单联、单控双联、单控三联、单控四联等多种形式。如厨房使用单控单联的开关，一个开关控制一组照明灯光；在客厅可能会安装三个射灯，那么可以用一个单控三联的开关来控制。

（3）双控开关。双控开关是一个开关同时带常开、常闭两个触点（即为一对）。通常用两个双控开关控制一个灯或其他电器，意思是说可以有两个开关来控制灯具等电器的开关，如在楼下时打开开关，到楼上后关闭开关。

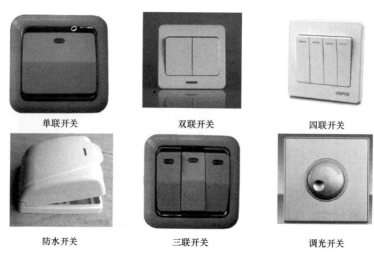

单联开关　　　　　　双联开关　　　　　　四联开关

防水开关　　　　　　三联开关　　　　　　调光开关

图 2-29　开关

（4）单控开关插座。单控开关插座可以控制插座通断电，方便使用，插头不要拔来拔去，也可以单独作为开关使用（图 2-30）。

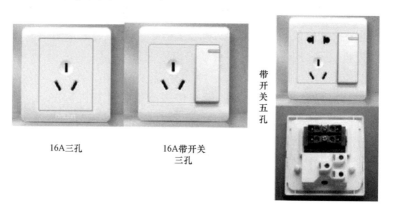

16A三孔　　　　　　16A带开关　　　　　带开关五孔
　　　　　　　　　　三孔

图 2-30　插座

（5）双控开关插座。双控开关插座拥有单控开关带插座功能。此开关还可以和另外的双控开关一起两边控制灯。

（6）五孔插座。五孔分为 10 A、16 A、25 A。常用家庭电器的插座用 10 A 五孔，如电冰箱、洗衣机、油烟机。常用的挂壁空调 1.5P/2P 的插座热水器一般需要 16 A 五孔，柜式空调 3P 的插座一般需要 20 A 以上（图 2-31）。

斜五孔 　　　　　　　正五孔

图 2-31　五孔插座

（7）信息插座。信息插座也称弱电插座，是指电话、计算机、电视插座，因后端的接插模块市场价很高，所以价格较高（图 2-32、图 2-33）。

网络 　　　　　　　电视 　　　　　　　电视、网络

图 2-32　弱电插座

图 2-33　触屏、智能开关

2.1.2　水改材料

1. 铜管

铜管又称紫铜管，有色金属管的一种，是压制的和拉制的无缝管。铜管具备良好导电性、导热性的特性，是电子产品的导电配件及散热配件的主要材料，并且成为现代承包商在所有住宅商品房的自来水管道、供热、制冷管道安装的首选。铜管抗腐蚀性能强，不易氧化，且与一些液态物质不易起化学反应，容易揻弯造型。铜管强度高、性能稳定，有杀菌自洁能力，不易腐蚀，性能稳定，价格高，但卡套容易老化漏水，需要焊接，施工十分困难。

2. 不锈钢钢管

不锈钢钢管价格高，施工困难，一般常用布氏、洛氏、维氏三种硬度指标来衡量其硬度。

3. 铝塑管

铝塑管是一种由中间纵焊铝管、内外层聚乙烯塑料及层与层之间热熔胶共挤复合而成的新型管道。聚乙烯是一种无毒、无异味的塑料，具有良好的耐撞击、耐腐蚀、抗气候性能。中间层纵焊铝合金使管子具有金属的耐压强度，耐冲击能力使管子易弯曲、不反弹，铝塑复合管拥有金属管坚固耐压和塑料管抗酸碱、耐腐蚀的两大特点，是新一代管材的典范。铝塑管（铝塑复合管）是市面上较为流行的一种管材，由于其质轻、耐用且施工方便，以及铝塑管（铝塑复合管）具有可弯曲性，故更适合在家装中使用。铝塑管内外层均为特殊聚乙烯材料，清洁无毒，平滑，可使用 50 年以上。中间铝层可 100％隔绝气体渗透，并使管子同时具有金属和塑胶管的优点，而剔除了各自的缺点。铝塑管质轻，耐用，施工方便，可任意弯曲，但其使用年限短，卡套容易由于老化而漏水（图 2-34）。

图 2-34　铝塑复合管

4. PP-R 管

PP-R 管又称三丙聚丙烯管、无规共聚聚丙烯管或 PP-R 管，是一种采用无规共聚聚丙烯为原料的管材。PP-R 管本身无毒、质轻、耐压、耐腐蚀，冷热水管皆可使管道系统稳定，很少渗漏。PP-R 管材与传统的铸铁管、镀锌钢管、水泥管等管道相比，具有节能节材、环保、轻质高强、耐腐蚀、内壁光滑不结垢、施工和维修简便、使用寿命长等优点，广泛应用于建筑给水排水、城乡给水排水、城市燃气、电力和光缆护套、工业流体输送、农业灌溉等建筑业、市政、工业和农业领域（图 2-35）。

图 2-35　PP-R 管

5. PVC 管

PVC 的主要成分是聚氯乙烯，又在加入其他成分来增强其耐热性、韧性、延展性的一种材料。这种表面膜的最上层是漆，中间的主要成分是聚氯乙烯，最下层是背涂胶粘剂。它是当今世界上深受喜爱、颇为流行并且也被广泛应用的一种合成材料。它的全球使用量在各种合成材料中高居第二。据统计，1995 年，PVC 仅在欧洲的生产量就有 500 万吨左右，而其消费量为 530 万吨。在德国，PVC 的生产量和消费量平均为 140 万吨。PVC 管具有耐高温性，但其耐压性稍差不能弯曲，需要大量接头透氧气容易长青苔，不具备杀菌自洁能力。PVC-U 管抗腐蚀能力强、易于粘接、价格低、质地坚硬，但是由于有 PVC-U 单体和添加剂渗出，只适用于输送温度不超过 45 ℃ 的给水系统中。塑料管道用于排水，废水、化学品，加热液和冷却液，食品，超纯液体，泥浆，气体，压缩空气和真空系统的应用。PVC-O 管即双轴取向聚氯乙烯，是 PVC 管的最新进化形式，通过特殊的取向加工工艺制造的管材，将采用挤出方法生产的 PVC-U 管材进行轴向拉伸和径向拉伸，使管材中的 PVC 长链分子在双轴向规整排列，获得高强度、高韧性、高抗冲、抗疲劳的新型 PVC 管（图 2-36）。

图 2-36　PVC 管

6. PB 管

PB 管材为高分子惰性聚合物，是由瑞士乔治·费歇尔与壳牌在 20 世纪 70 年代合作开发，并且由乔治·费歇尔最早将其引入管路产品市场，PB 树脂是由丁烯-1 合成的高分子综合体，属于有机化工材料类的高科技产品，具有很高的耐温性、持久性、化学稳定性和可塑性。寿命长，可达 50～100 年，并且具有能长期耐老化的特点，为世界上最尖端的化学材料之一。PB 防渗氧管是塑料管材与高分子阻氧材料 EVOH（乙烯、乙烯醇共聚物）复合管材，可以有效防止空气中的氧气渗入管道系统，保护系统中的金属部件不被快速腐蚀，抑制管内的细菌和藻类生物生长，保证水质新鲜纯洁。

2.1.3　地暖与暖气片

水地暖主要由锅炉、分集水器、地面水管、暖气片（图 2-37）、温控器及连接配件和辅材 6 大部分组成；电地暖的构成有发热主材（主材包括碳纤维膜、碳晶膜、碳纤维电缆、发热电缆等）、温控器和辅材三部分。

图 2-37　暖气片

1. 全铜暖气片

全铜暖气片属于暖气片中的高档品，价格十分高，但是装饰效果十分好，而且散热效果在暖气片中最佳。

2. 铸铁暖气片

铸铁暖气片（图 2-38）是早期的暖气片类型，这种暖气片的承压效果很差，散热效果也不好，体积比较大且十分沉重。其优点是价格低。

图 2-38　铸铁暖气片

3. 铜铝复合暖气片

铜铝复合暖气片的外型比较单一，但是防腐蚀性能很好，关于水质的要求比较低。

4. 钢铝复合暖气片

钢铝复合暖气片的价格要略微低一些。在散热效率方面，其与铜铝复合暖气片的效率差不多，但是使用寿命要比铜铝的短，防腐性也没有铜铝复合暖气片好。

5. 钢质暖气片

钢质暖气片是目前主流的暖气片类型，这种暖气片相比铸铁暖气片有着很多优点。首先，这种暖气片由于自重不大，对墙体的承重没有过高的需求。其次，其外型美观，散热性能好。

2.2　素质素养养成

（1）在查阅资料的过程中，学生可以通过多种渠道，如网络、书籍、材料市场，综合分析整理信息，认真思考，养成严谨的工作态度。

（2）电气、水暖材料的选择范围较广，种类繁多，不同功能空间材料都有对应的质量标准，如《建筑内部装修设计防火规范》（GB 50222—2017）、《住宅室内装饰装修工程质量验收规范》（JGJ/T 304—2013）、《民用建筑电气设计标准》（GB 51348—2019）、《供配电系统设计规范》（GB 50052—2009）、《建筑照明设计标准》（GB 50034—2013）、《民用建筑供暖通风与空气调节设计规范》（GB 50736—2012）、《夏热冬冷地区居住建筑节能设计标准》（JGJ 134—2010）、《通风与空调工程施工质量验收规范》（GB 50243—2016）等。在分析选材的过程中，大家一定要保障选材主要指标合格。

（3）电气、水暖材料属于隐蔽工程使用材料，由于其特殊性，在装饰装修过程中，对于其的质量及使用标准极易被忽视，常常有以次充好的材料。如果使用不当，在后期使用过程中检修与维护成本高、难度大，所以，一定要选用符合设计要求与国家质量标准的材料。

2.3 任务实施

1. 学生分组

学生分组表

班级		组号		授课教师	
组长		学号			
组员	姓名	学号	姓名	学号	

2. 自主探学

任务工作单 1

组号：＿＿＿＿＿　　姓名：＿＿＿＿＿　　学号：＿＿＿＿＿　　检索号：<u>2227-1</u>

引导问题：

(1)谈谈你对建筑装饰装修电气、水暖材料的认识。

＿＿＿＿＿＿＿＿＿＿＿＿＿＿＿＿＿＿＿＿＿＿＿＿＿＿＿＿＿＿＿＿

＿＿＿＿＿＿＿＿＿＿＿＿＿＿＿＿＿＿＿＿＿＿＿＿＿＿＿＿＿＿＿＿

＿＿＿＿＿＿＿＿＿＿＿＿＿＿＿＿＿＿＿＿＿＿＿＿＿＿＿＿＿＿＿＿

(2)简述电气、水暖材料对建筑装饰装修的影响。

＿＿＿＿＿＿＿＿＿＿＿＿＿＿＿＿＿＿＿＿＿＿＿＿＿＿＿＿＿＿＿＿

＿＿＿＿＿＿＿＿＿＿＿＿＿＿＿＿＿＿＿＿＿＿＿＿＿＿＿＿＿＿＿＿

＿＿＿＿＿＿＿＿＿＿＿＿＿＿＿＿＿＿＿＿＿＿＿＿＿＿＿＿＿＿＿＿

＿＿＿＿＿＿＿＿＿＿＿＿＿＿＿＿＿＿＿＿＿＿＿＿＿＿＿＿＿＿＿＿

任务工作单 2

组号：_____   姓名：_____   学号：_____   检索号：<u>2227-2</u>

引导问题：

(1)请列举室内建筑装饰装修过程中可能用到电气、水暖材料的空间。

_____

_____

_____

_____

_____

(2)请列举客厅、厨房、卫生间的电气、水暖材料配制方案(表2-6)。

_____

_____

_____

_____

表 2-6　客厅、厨房、卫生间的电气、水暖材料配制方案

序号	空间类型	分类	材料名称	说明
1	客厅	电改材料		
		水改材料		
		暖气		
2	厨房	电改材料		
		水改材料		
		暖气		
3	卫生间	电改材料		
		水改材料		
		暖气		

3. 合作研学

任务工作单

组号：_____ 姓名：_____ 学号：_____ 检索号：__2228-1__

引导问题：

(1)小组讨论并确定任务工作单 2227-1、2227-2 的最优答案，教师参与，然后检讨自己的不足之处。

_____

_____

_____

_____

_____

_____

_____

_____

_____

(2)每组推荐一个小组长汇报全组情况。组中的其他成员根据汇报情况再次检讨自己的不足之处。

_____

_____

_____

_____

_____

_____

_____

_____

_____

_____

4. 展示赏学

任务工作单

组号：_____　　　姓名：_____　　　学号：_____　　　检索号：<u>2229-1</u>

引导问题：

每组推荐一个小组长，根据任务工作单 2227-1、2227-2 的内容汇报全组情况。组中的其他成员根据汇报情况再次检讨自己的不足之处。

_____

_____

_____

_____

_____

_____

2.4　评价反馈

任务工作单 1

组号：_____　　　姓名：_____　　　学号：_____　　　检索号：<u>22210-1</u>

自我评价表

班级		组名		日期	年　月　日
评价指标	评价内容			分数	分数评定
信息收集能力	能否有效利用网络、图书资源、市场资源查找有用的相关信息；能否将查到的信息有效地融入学习过程			10 分	
感知课堂生活	能否在学习中获得满足感及课堂生活的认同感			10 分	
参与态度、沟通能力	能否积极、主动地与教师、同学交流，相互尊重、理解、平等；与教师、同学之间能否保持多向、丰富、适宜的信息交流			15 分	
	能否处理好合作学习和独立思考的关系，做到有效学习；能否提出有意义的问题或能发表个人见解			10 分	
知识、能力获得	能否正确识别并描述建筑装饰装修电气、水暖材料的特性及使用范围			10 分	
	能否科学运用建筑装饰装修电气、水暖材料进行应用配制			10 分	
辩证思维能力	能否发现问题、提出问题、分析问题、解决问题			10 分	
自我反思	按时保质地完成任务；较好地掌握了知识点；具有较为全面严谨的思考能力，并能条理清楚地表达出来			25 分	
自评分数					
总结提炼					

任务工作单 2

被评价人信息：组号：＿＿＿＿　姓名：＿＿＿＿　学号：＿＿＿＿　检索号：＿22210-2＿

小组内互评验收表

验收人组长		组名		日期	年 月 日
组内验收成员					
任务要求	正确识别建筑装饰装修电气、水暖的特性及使用范围；能科学运用建筑装饰装修电气、水暖材料进行配制				
文档验收清单	被评价人完成的 2227-1 任务工作单				
	被评价人完成的 2227-2 任务工作单				
	相配套的材料图片及检索资料				
验收评分	评分标准			分数	得分
	能正确描述建筑装饰装修电气、水暖材料的基本特性及使用范围，每类至少 5 种，共 3 类，缺一种扣 2 分			30 分	
	能针对不同空间性质进行电气、水暖材料的应用配制，每类至少 2 种，共 3 类空间，9 处界面，少一处扣 1 分，直至扣完为止			54 分	
	相配套的材料图片及检索资料，共 2 份，少一份扣 8 分			16 分	
	评价分数				
总体效果定性评价					

任务工作单 3

被评组号：＿＿＿＿＿＿＿＿＿＿＿＿＿＿　检索号：＿22210-3＿

小组间互评表(听取各组组长汇报，其他同学打分)

班级		评价小组		日期	年 月 日
评价指标	评价内容			分数	分数评定
汇报表述	表述准确			15 分	
	语言流畅			10 分	
	准确反映该组完成任务情况			15 分	
内容正确度	表述的内容正确			30 分	
	阐述到位			30 分	
	互评分数				

任务工作单 4

组号：_____ 姓名：_____ 学号：_____ 检索号：_22210-4_

任务完成情况评价表

任务名称	电气、水暖材料认知与应用		总得分			
评价依据	学生完成任务后任务工作单					
序号	任务内容及要求		配分	评分标准	教师评价	
					结论	得分
1	能正确描述建筑装饰装修电气、水暖材料的基本特性及使用范围	(1)描述正确	30分	缺一个要点扣2分		
		(2)语言表达流畅	15分	酌情给分		
2	针对不同空间性质进行电气、水暖材料的应用配制	(1)涉及哪几种空间	10分	缺一个要点扣2分		
		(2)每一种空间的配置注意要点	20分	缺一个要点扣2分		
3	相配套的材料图片及检索资料	(1)数量	5分	共2份，每少一份扣5分		
		(2)参考的主要内容要点	5分	酌情给分		
4	素质素养评价	(1)沟通交流能力	15分	酌情给分，但违反课堂纪律、不听从组长和教师安排的，不得分		
		(2)团队合作				
		(3)课堂纪律				
		(4)自主研学				
		(5)合作探学				
		(6)工作态度				
		(7)法律意识				
		(8)环保理念				

模块3 饰面材料

项目 1　地面材料认知与应用

任务 1　整体楼地面材料认知与应用

任务描述

　　请说明整体楼地面材料的特性与应用范围并完成材料应用分析报告。

知识目标

　　(1)掌握整体楼地面水泥砂浆楼、水磨石材料相关知识及其应用；

　　(2)掌握整体楼地面涂布、地毯、PVC 地板材料的相关知识及其应用。

能力目标

　　(1)具备正确识别整体楼地面材料特性的能力；

　　(2)具备科学应用整体楼地面材料的能力。

素养目标

　　(1)培养独立思考并分析问题的意识；

　　(2)培养规范意识；

　　(3)培养责任意识。

重难点

　　重点

　　整体楼地面材料特征的识别。

　　难点

　　整体楼地面材料科学的应用。

1.1 相关知识链接

楼地面是房屋建筑工程不可缺少的一部分，主要是指房屋建筑工程的底层地坪与楼层地坪，它的作用是对保护房屋建筑工程结构，在隔开建筑空间的同时对建筑室内环境进行美化，方便人们的住宅生活。楼地面及其施工必须满足坚固耐久、使用安全、舒适美观的要求。

整体楼地面主要包括水泥砂浆楼地面、水磨石楼地面、涂布楼地面、地毯楼地面、PVC地板楼地面。

1. 水泥砂浆楼地面

水泥砂浆楼地面是应用最为广泛的一种，它具有施工快捷方便、造价低和使用长久的优点。但需要注意的是，如果施工中没有控制好楼地面的施工质量，仍然会导致楼地面在后期使用中出现起灰、起砂、裂缝等问题，因此，强调必须做好水泥砂浆楼地面的施工控制，确保其施工质量，尽量延长楼地面的使用年限。

2. 水磨石楼地面

水磨石楼地面是工业与民用建筑中采用较广泛的楼面与地面面层的类型，其表面平整光滑、外观简单大方，在建筑装饰中使用较为广泛。

水磨石面层适用于有一定防潮、防水要求的地段和较高防尘、清洁等建筑地面工程，如工业建筑中的一般装配车间、恒温恒湿车间，而在民用建筑和公共建筑中，使用得更广泛，如机场候机楼、宾馆门厅、宿舍走道、卫生间、食堂、会议室、办公室等。

水磨石楼地面的一般规定如下：

(1)水磨石面层的结合层的水泥砂浆体积比宜为1：3，相应的强度等级应不小于M10，水泥砂浆稠度(以标准圆锥体沉入度计)宜为30～35 mm。

(2)水磨石面层可做成单一本色和各种彩色的面层，根据使用功能要求又分为普通水磨石和高级水磨石面层。

(3)水磨石面层是用石粒以水泥材料做胶结料，加水按1：1.5～1：2.5(水泥：石粒)体积比拌制成拌合料，铺设在水泥砂浆结合层上而成。

(4)水磨石面层的厚度(不含结合层)除特殊要求外，宜为12～18 mm，并按选用石粒粒径确定。

3. 涂布楼地面

涂布楼地面是指由合成树脂及其复合材料代替全部或部分水泥，在现场做面层涂抹施工，硬化后形成的整体无接缝地面。它的主要特点是无缝、整体性强，易于清洁。由于抹灰涂层较厚，故有效使用年限比以涂刷方式施工的涂料地面更长，韧性较好，耐化学腐蚀性能好，有明显的弹性和良好的耐磨、抗冲击性能。涂布地面按所用的材料分为溶剂型合成树脂涂布地面和水溶性树脂与水泥复合组成的聚合物水泥涂布地面两类。

(1)溶剂型合成树脂涂布地面施工。溶剂型合成树脂目前国内常采用环氧树脂、不饱和聚酯、聚氨酯等品种，适用于卫生或耐腐蚀性要求较高的实验室、医院手术室、食品加工厂、船舶甲板等地面。

(2)聚合物水泥涂布地面施工。聚合物水泥涂布地面是以水溶性树脂或聚合物乳液与水泥一起，加入少量的颜料、填料及助剂组成的水溶性胶凝材料，经搅拌后现场涂刷在水泥地面上形成的一种无缝彩色地面。其主要有聚乙烯醇缩甲醛水泥涂布地面、聚醋酸乙烯聚合物水泥涂布地面和氯偏美术地面等，适用于民用住宅室内装饰、实验室或仪器装配车间地面。

4. 地毯楼地面

地毯楼地面是用地毯材料铺设楼地面的一种方式，种类如下：

(1)按原材料，可分为羊毛地毯和化纤地毯两种。

(2)按编织方法，可分为切绒、圈绒、提花切绒三种。

(3)按加工制作方法，可分为编织、针刺簇绒、熔融胶合等。

(4)按产品类别，可分为卷材、块材、地砖式。

地毯的铺设方式如下：

(1)不固定式：直接铺设。

(2)固定式。

1)粘贴固定法。直接用胶将地毯粘贴在基层上。刷胶有满刷和局部刷两种。要求地毯本身具有较密实的基底层。

2)倒刺板固定法。清理基层；沿踢脚板的边缘用水泥钉将倒刺板每隔 40 cm 钉在基层上，与踢脚板距离 8～10 mm；粘贴泡沫波垫；铺设地毯；将地毯边缘塞入踢脚板下部空隙。

固定地毯的配件有端头挂毯条、接缝挂毯条、门槛压条、楼梯防滑条。

5. PVC 地板楼地面

PVC 地板楼地面是当今世界上非常流行的一种新型轻体地面装饰材料，也称为"轻体地材"，是一种在欧美及亚洲的日、韩广受欢迎的产品，风靡国外，从 20 世纪 80 年代初开始进入中国市场，在各大中城市已经得到人们的普遍认可，使用非常广泛，如家庭、医院、学校、办公楼、工厂、公共场所、超市、商业等各种场所。"PVC 地板"就是指采用聚氯乙烯材料生产的地板。具体就是以聚氯乙烯及其共聚树脂为主要原料，加入填料、增塑剂、稳定剂、着色剂等辅料，在片状连续基材上，经涂敷工艺或经压延、挤出或挤压工艺生产而成。

综上所述，严格执行施工工艺标准，把握好施工的各个工序环节是水泥砂浆地面质量控制的最佳措施；同时，在施工流程每一道工序上要做到明确交底，严格执行标准规范和施工操作规程，并对完成地面进行保护和养护，这样才能够有效减少质量通病的发生。

知识拓展：整体式楼地面材料

1.2 素质素养养成

(1)在材料识别的过程中，学生要认真仔细地发现整体楼地面材料的特点，要善于观察，提高自身严谨的学习态度。

(2)整体楼地面材料选择范围较广，种类繁多，但是多数材料的环保性能还是比较高的，如水泥砂浆楼地面、水磨石楼地面；而地毯、PVC、涂布楼地面在选择时应该更加关注材料的环保质量标准，如甲醛、苯等化学成分，多参考《建筑内部装修设计防火规范》(GB 50222—2017)、《住宅室内装饰装修工程质量验收规范》(JGJ/T 204—2013)、《民用建筑工程室内环境污染控制标准》(GB 50325—2020)等。在分析、选材的过程中，大家一定要保障选材主要指标合格，符合国家规定的标准，尽量选择无毒无害的材料。

1.3 任务实施

1. 学生分组

学生分组表

班级		组号		授课教师	
组长		学号			
组员	姓名	学号	姓名	学号	

2. 自主探学

任务工作单1

组号：_____　　　姓名：_____　　　学号：_____　　　检索号：　3117-1

引导问题：

认真识别整体楼地面材料(图3-1～图3-5)，梳理并写下整体楼地面材料的成分及材料说明(表3-1)。

图3-1　水泥砂浆　　　　　　图3-2　水磨石　　　　　　图3-3　涂布涂料

图 3-4　地毯

图 3-5　PVC 地板

表 3-1　材料分析

序号	材料名称	样式分析	成分	材料说明
1	水泥砂浆			
2	水磨石			
3	涂布涂料			
4	地毯			
5	PVC 地板			

任务工作单 2

组号：_____ 姓名：_____ 学号：_____ 检索号：___3117-2___

引导问题：

根据任务工作单 3117-1 呈现的结果认真分析材料的性能，并说明其适用范围（表 3-2）。

表 3-2　材料的性能和分析及其适用范围

序号	材料名称	材料性能	材料分析	适用范围
1	水泥砂浆			
2	水磨石			
3	涂布涂料			
4	地毯			
5	PVC 地板			

3. 合作研学

任务工作单

组号：_____ 姓名：_____ 学号：_____ 检索号：___3118-1___

引导问题：

小组讨论任务工作单 3117-1、3117-2 的最优答案，教师参与，然后检讨自己的不足之处。

_____

_____

_____

_____

_____

_____

_____

_____

4. 展示赏学

任务工作单

组号：_____ 　　姓名：_____ 　　学号：_____ 　　检索号：<u>3119-1</u>

引导问题：

每组推荐一个小组长，根据任务工作单 3117-1、3117-2 的内容汇报全组情况。组中的其他成员根据汇报情况再次检讨自己的不足之处。

_____

_____

_____

_____

_____

1.4　评价反馈

任务工作单 1

组号：_____ 　　姓名：_____ 　　学号：_____ 　　检索号：<u>31110-1</u>

自我评价表

班级		组名	日期	年　月　日
评价指标	评价内容		分数	分数评定
信息收集能力	能否有效利用网络、图书资源、市场资源查找有用的相关信息；能否将查到的信息有效地融入学习过程		10分	
感知课堂生活	能否在学习中获得满足感及课堂生活的认同感		10分	
参与态度、沟通能力	能否积极、主动地与教师、同学交流，相互尊重、理解、平等；与教师、同学之间能否保持多向、丰富、适宜的信息交流		15分	
	能否处理好合作学习和独立思考的关系，做到有效学习；能否提出有意义的问题或能发表个人见解		10分	
知识、能力获得	(1)能否正确识别不同的整体楼地面材料		10分	
	(2)能否正确分析出不同的整体楼地面材料的性能并说明材料适用不同空间范围		10分	
辩证思维能力	能否发现问题、提出问题、分析问题、解决问题、创新问题		10分	
自我反思	按时保质地完成任务；较好地掌握了知识点；具有较为全面严谨的思考能力，并能条理清楚地表达出来		25分	
自评分数				
总结提炼				

任务工作单 2

被评价人信息：组号：＿＿＿＿　姓名：＿＿＿＿　学号：＿＿＿＿　检索号：<u>31110-2</u>

小组内互评验收表

验收人组长		组名		日期	年　月　日
组内验收成员					
任务要求	完成整体楼地面常规建筑装饰材料的识别与分析；完成给定的不同整体楼地面材料的识别；完成不同整体楼地面材料适用不同空间范围的结果；在任务的完成过程中，至少包含5种材料的材料介绍(包括名称、产地、性能、特点、参考价格)				
文档验收清单	被评价人完成的 3117-1 任务工作单				
	被评价人完成的 3117-2 任务工作单				
	相配套的材料图片及检索资料				
验收评分	评分标准			分数	得分
	能正确识别整体楼地面常规建筑装饰材料，共5种，缺一种扣10分			50分	
	完成不同整体楼地面材料适用不同空间范围说明，至少5处，缺一处扣10分			50分	
评价分数					
总体效果定性评价					

任务工作单 3

被评组号：＿＿＿＿＿＿＿＿＿＿＿＿＿＿＿　　　　检索号：<u>31110-3</u>

小组间互评表(听取各组组长汇报，其他同学打分)

班级		评价小组		日期	年　月　日
评价指标	评价内容			分数	分数评定
汇报表述	表述准确			15分	
	语言流畅			10分	
	准确反映该组完成任务情况			15分	
内容正确度	表述的内容正确			30分	
	阐述到位			30分	
互评分数					

任务工作单 4

组号：_____ 姓名：_____ 学号：_____ 检索号：<u>31110-4</u>

任务完成情况评价表

任务名称	整体楼地面材料认知及应用			总得分		
评价依据	学生完成任务后任务工作单					
序号	任务内容及要求		配分	评分标准	教师评价	
					结论	得分
1	能正确识别整体楼地面常规建筑装饰材料	(1)描述正确	20分	共5类，缺一类扣4分		
		(2)语言表达流畅	10分	酌情给分		
2	能正确分析出不同整体楼地面材料的性能并能说明材料适用不同空间范围	(1)材料的性能	10分	共5类，缺一类扣2分		
		(2)材料的适用范围	20分	共5类，缺一类扣4分		
3	相配套的材料图片及检索资料	(1)数量	10分	共5份，每少一份扣2分		
		(2)参考的主要内容要点	10分	酌情给分		
4	素质素养评价	(1)沟通交流能力	20分	酌情给分，但违反课堂纪律、不听从组长和教师安排的，不得分		
		(2)团队合作				
		(3)课堂纪律				
		(4)自主研学				
		(5)合作探学				
		(6)工作态度				
		(7)法律意识				
		(8)环保理念				

任务 2　块材楼地面材料认知与应用

任务描述

请说明块材楼地面材料的特性及其应用范围，然后完成材料适用范围分析报告。

知识目标

(1)掌握块材楼地面地板(木、竹)材料的识别及应用；

(2)掌握块材楼地面地砖材料的识别及应用；

(3)掌握块材楼地面石材材料的识别及应用；

(4)掌握块材楼地面马赛克材料的识别及应用。

能力目标

(1)具备正确识别块材楼地面材料特性的能力；

(2)具备科学应用块材楼地面材料的能力。

素养目标

(1)培养独立思考并分析问题的意识；

(2)培养规范意识；

(3)培养责任意识。

重难点

重点

块材楼地面材料特征的识别。

难点

块材楼地面材料科学的应用。

2.1　相关知识链接

块材楼地面在楼地面装饰装修工程中的应用比较广泛。无论是现代简约风格、古典奢华风格，还是田园清新风格，块材楼地面材料都能够与之相得益彰，为空间营造出完美的装饰效果。因此，在家庭住宅、办公场所和商业空间设计中，块材楼地面都是值得考虑和选择的优质装修材料，它可以让人们在各种环境中感到舒适。

块材楼地面主要包括地板(木、竹)、地砖、石材、马赛克。

1. 地板(木、竹)

地板(木、竹)主要分为实木地板、强化木地板、实木复合地板、多层复合地板、竹材地板和软木地板 6 大类。

(1)实木地板主要包括榫接地板(企口地板)、平接地板(平口地板)、镶嵌地板、指接地板、竖木地板和集成材地板等。实木地板生产企业的规模参差不齐,多数规模较小、设备落后,整体技术设备水平较低,在 5 000 多家生产企业中,年产量达 5 万平方米以上的企业只占 3%～5%,这些大中型企业大多从国外引进设备,其生产量和销售量占整个市场的40%左右;而大多数小型企业对树种、选材、材性和加工工艺,由于人员素质、技术设备和管理水平较低,难以控制,存在一定的资源浪费现象。

(2)强化木地板一般可分为以中、高密度纤维板为基材的强化验木地板和以刨花板为基材的强化木地板两大类。

(3)实木复合地板一般可分为三层实木复合地板、多层实木复合地板和细木工复合地板三大类。

(4)多层复合地板就是多层实木复合地板。在最新的国家标准中,其被称为浸渍纸层压板饰面多层实木复合地板,即以浸渍纸层压板为饰面层,以胶合板为基材,经压合并加工制成的企口地板。其具有强化地板的耐磨性和实木复合地板的抗变形性,经实践在三大恶劣环境(公共场合、地热、潮湿)中均表现优秀。

(5)竹材地板一般可分为全竹地板和竹材复合地板两大类。

(6)由于受资源的限制,我国的软木地板生产企业数量较少。软木地板作为一种珍贵稀有的产品,其多样化的优点已受到越来越多具有环保意识人们的关注。

在当前国内地板行业,品牌理念已经深入人心,已经逐步实现南北格局,品牌意识的提升对整个地板行业还是有积极作用的,代表着中国地板行业已经走向成熟与稳重。珠三角地区地板行业开始兴起,包括广东、浙江地板品牌日益增多,沿海地区原料多从印尼、缅甸及欧美进口,即俗称的进口材。

2. 地砖

地砖是一种地面装饰材料,也称地板砖,用黏土烧制而成,规格多种多样,质坚、耐压耐磨,能防潮。有的地砖经上釉处理,具有装饰作用。地砖多用于公共建筑和民用建筑的地面与楼面。地砖的花色品种非常多,可供选择的余地很大,我国墙地砖新产品的开发,除花色品种外,增加它的功能也是一个发展方向。

(1)保温节能砖采用多孔材料做坯体,体积密度为 0.6～10,在坯体表面施釉处理,使之既具有多孔材料的保温节能效果,又具有釉面砖的特点。这种砖也可以不施釉,烧成时表面会自然形成一个表面,例如,用红泥做坯料烧成的砖相当自然大方。

(2)变色釉面砖在制作时,釉中加入一种由稀土金属氧化物组成的有色剂,利用它在光照时产生的电子跃进,出现能级差,引起釉面呈现选择性的吸收与反射,在可见光范围内吸收与反射程度不同而出现多种颜色。

(3)生态保健瓷砖是将抗菌剂附于陶瓷表面,或者直接加到釉料中,使陶瓷表面具有抗菌性。陶瓷的抗菌性主要有两种:一种是利用银离子及其化合物的抗菌性(称为银系抗菌剂);另一种是利用具有光催化作用的半导体。

(4)抗静电砖通常是在釉或坯中引入有半导体性质的金属氧化物,使釉或坯的电导率满足要求。

(5)渗水路面砖既具有普通广场砖的风格，又具有透水、保水、防滑的功能。它的特点是砖内形成一种多孔且连贯气孔的结构，是广场砖的换代产品。这种砖是在坯料中加入烧失剂或发泡剂制成的。

(6)抛釉砖的特点是在瓷质砖的表面施一层很厚的透明釉(烧成后的厚度约为 1.5 mm)，烧成后对釉面进行抛光，如果在施釉前进行印花，则具有类似釉下彩的效果。这种砖立体感强，装饰效果好。给砖施厚釉有两种方法：一种是干法施釉；另一种是对釉料进行喷雾干燥加工，用二次布料方法成型。

3. 石材

石材作为一种高档建筑装饰材料广泛应用于室内外装饰设计、幕墙装饰和公共设施建设。目前，市场上常见的石材主要可分为天然石、人造石和大理石。天然石材大致可分为以下 3 类。

(1)火成岩是由地幔或地壳的岩石经熔融或部分熔融的物质(如岩浆)冷却固结形成的，花岗石就是火成岩的一种。

(2)沉积岩是在地表不太深的地方，将其他岩石的风化产物和一些火山喷发物，经过水流或冰川的搬运、沉积、成岩作用形成的岩石，和砂岩属于这一类。

(3)变质岩是在高温高压和矿物质的混合作用下由一种石头自然变质成的另一种石头，大理石、板岩、石英岩、玉石都是属于变质岩。

4. 马赛克

马赛克是指将影像特定区域的色阶细节劣化并造成色块打乱的效果，使人看不清楚具体的画面。因为马赛克看上去由一个个的小格子组成，便形象地称这种画面为马赛克。

如一张图片，其中是有很多不同颜色的小色块的，由于这些色块的像素非常小而且密集，而马赛克就是圈出一个范围(小色块为整数的范围，所以一般都用长方形或正方形使图像变得模糊)。

(1)制作马赛克玻璃：近年来，随着玻璃制品的迅速发展，玻璃马赛克的运用也越来越广泛，特别是在许多大型公共室内装修中，玻璃马赛克的运用已经比较成熟了，也有一些其他的装饰艺术，如使用小石块或有色玻璃碎片拼成图案。当然在马赛克拼图完毕以后，整个图案是非常漂亮的。

(2)制作精美浴缸：家庭中浴缸主要分为独立式和嵌入式浴缸。嵌入式浴缸的周围便可以很好地用马赛克装饰，有些浴室相对狭小。浴缸一般放在靠墙的地方，而后面的墙壁可以用相同的马赛克延伸。这样既可以防水，又可以起到区域标示的作用。

(3)制作精美的首饰物品：除在家居装修中外，马赛克在家具、灯饰、首饰等物品中都赋予了细小物品浓郁的风情，给人们带来了更别样的艺术体验。

知识拓展：块材楼地面材料

2.2 素质素养养成

(1)在学习过程中,学生可以通过多种渠道(如网络、书籍、材料市场),综合分析整理信息,认真思考,养成严谨的工作态度。

(2)在建筑装饰材料中,大部分的块材楼地面材料是安全和无害的,如地砖和马赛克,它们是人工制造的复合型材料,而对于木地板、竹地板和石材,大家一定要选择放射性元素含量低的材料,还要注意材料的质量标准,如《建筑内部装修设计防火规范》(GB 50222—2017)、《住宅室内装饰装修工程质量验收规范》(JGJ/T 304—2013)、《民用建筑工程室内环境污染控制标准》(GB 50325—2020)等。

2.3 任务实施

1. 学生分组

学生分组表

班级		组号		授课教师	
组长		学号			
组员	姓名	学号	姓名	学号	

2. 自主探学

任务工作单 1

组号:_____   姓名:_____   学号:_____   检索号: 3127-1

引导问题:

认真识别块材楼地面(图 3-6～图 3-9),然后梳理并写出整体楼地面材料的成分及材料说明(表 3-3)。

图 3-6 木地板

图 3-7 地砖

图 3-8　石材　　　　　　　　　　　　　　　图 3-9　马赛克

表 3-3　楼地面材料成分及材料说明

序号	材料名称	样式分析	成分	材料说明
1	地板（木、竹）			
2	地砖			
3	石材			
4	马赛克			

任务工作单 2

组号：_____ 姓名：_____ 学号：_____ 检索号：_3127-2_

引导问题：

根据任务工作单 3127-1 呈现出的结果认真分析其材料性能特点，并说明材料适用范围（表 3-4）。

表 3-4 材料性能特点及适用范围

序号	材料名称	材料性能	材料分析	适用范围
1	地板（木、竹）			
2	地砖			
3	石材			
4	马赛克			

3. 合作研学

任务工作单

组号：_____ 姓名：_____ 学号：_____ 检索号：_3128-1_

引导问题：

小组讨论任务工作单 3127-1、3127-2 的最优答案，教师参与，然后检讨自己的不足之处。

_____

_____

_____

_____

4. 展示赏学

任务工作单

组号：_____   姓名：_____   学号：_____   检索号：<u>3129-1</u>

引导问题：

每组推荐一个小组长，根据任务工作单 3127-1、3127-2 的内容汇报全组情况。组中的其他成员根据汇报情况再次检讨自己的不足之处。

_____

_____

_____

_____

_____

2.4 评价反馈

任务工作单 1

组号：_____   姓名：_____   学号：_____   检索号：<u>31210-1</u>

自我评价表

班级		组名		日期	年　月　日
评价指标	评价内容			分数	分数评定
信息收集能力	能否有效利用网络、图书资源、市场资源查找有用的相关信息；能否将查到的信息有效地融入学习过程			10 分	
感知课堂生活	能否在学习中获得满足感及课堂生活的认同感			10 分	
参与态度、沟通能力	能否积极、主动地与教师、同学交流，相互尊重、理解、平等；与教师、同学之间能否保持多向、丰富、适宜的信息交流			15 分	
	能否处理好合作学习和独立思考的关系，做到有效学习；能否提出有意义的问题或能发表个人见解			10 分	
知识、能力获得	能否正确识别不同块材楼地面材料的名称及类别			10 分	
	能否正确分析出不同块材楼地面材料的性能并能说明材料适用不同空间范围			10 分	
辩证思维能力	能否发现问题、提出问题、分析问题、解决问题、创新问题			10 分	
自我反思	按时保质地完成任务；较好地掌握了知识点；具有较为全面严谨的思考能力，并能条理清楚地表达出来			25 分	
自评分数					
总结提炼					

任务工作单 2

被评价人信息：组号：_____　姓名：_____　学号：_____　检索号：__31210-2__

小组内互评验收表

验收人组长		组名		日期	年　月　日
组内验收成员					
任务要求	完成块材楼地面常规建筑装饰材料的识别与分析；完成给定的不同块材楼地面材料的识别；完成块材楼地面材料适用不同空间范围的结果；在任务完成过程中，至少包含4种块材楼地面材料的介绍(包括名称、产地、性能、特点、参考价格)				
文档验收清单	被评价人完成的3127-1任务工作单				
	被评价人完成的3127-2任务工作单				
	相配套的材料图片及检索资料				
验收评分	评分标准			分数	得分
	能正确识别块材楼地面常规建筑装饰材料，共5种，缺一种扣10分			50分	
	完成块材楼地面材料适用不同空间范围说明，至少5处，缺一处扣10分			50分	
	评价分数				
总体效果定性评价					

任务工作单 3

被评组号：_____　　　　　检索号：__31210-3__

小组间互评表(听取各组组长汇报，其他同学打分)

班级		评价小组		日期	年　月　日
评价指标	评价内容			分数	分数评定
汇报表述	表述准确			15分	
	语言流畅			10分	
	准确反映该组完成任务情况			15分	
内容正确度	表述的内容正确			30分	
	阐述到位			30分	
	互评分数				

组号：_____　姓名：_____　学号：_____　检索号：31210-4

任务完成情况评价表

任务名称	块材楼地面材料认知及应用		总得分			
评价依据	学生完成任务后任务工作单					
序号	任务内容及要求		配分	评分标准	教师评价	
					结论	得分
1	能正确识别块材楼地面常规建筑装饰材料的名称及类别	(1)描述正确	20分	共5类，缺一类扣4分		
		(2)语言表达流畅	10分	酌情给分		
2	能正确分析不同块材楼地面材料的性能并能说明材料适用不同空间范围	(1)材料的名称	10分	共5类，缺一类扣2分		
		(2)材料的分类	20分	共5类，缺一类扣4分		
3	相配套的材料图片及检索资料	(1)数量	10分	共4份，每少一份扣2.5分		
		(2)参考的主要内容要点	10分	酌情给分		
4	素质素养评价	(1)沟通交流能力	20分	酌情给分，但违反课堂纪律、不听从组长和教师安排的，不得分		
		(2)团队合作				
		(3)课堂纪律				
		(4)自主研学				
		(5)合作探学				
		(6)工作态度				
		(7)法律意识				
		(8)环保理念				

项目 2　顶棚材料认知与应用

任务 1　直接式吊顶材料认知与应用

(1)请说明常见涂饰材料的分类与特性；

(2)请说明石膏线条的分类及特性；

(3)请说明顶棚区域照明灯具(光源类型)，识别图片中光源的类型与灯具的材质。

知识目标

(1)掌握常见涂饰材料的分类与特性；

(2)掌握石膏线条的分类及特性；

(3)掌握常见照明灯具材质与光源的类型。

能力目标

(1)具备正确识别涂饰材料的能力；

(2)具备正确识别石膏线条种类的能力；

(3)具备准确辨别常见照明灯具材质及光源类型的能力。

素养目标

(1)培养独立思考并分析问题的意识；

(2)培养规范意识；

(3)培养责任意识。

重难点

重点

涂饰材料、石膏线条、照明灯具材质与其性能的认识。

难点

涂饰材料、石膏线条、照明灯具材质科学的应用。

1.1 相关知识链接

1.1.1 直接式吊顶

所谓直接式吊顶，是直接在混凝土的基础上，进行喷（刷）涂料灰浆，或粘贴装饰材料的施工，一般用于装饰性要求不高的住宅、办公室楼等建筑。由于只在楼板面直接喷浆和抹灰，直接式吊顶上也可能粘贴其他装饰材料。因此，直接式吊顶是一种比较简单的装修形式。

直接式吊顶的优点：

（1）直接式吊顶一般具有构造简单，构造层厚度小，可以充分利用空间；采用适当的处理手法，可获得多种装饰效果。

（2）材料用量少，施工方便，造价较低等。

直接式吊顶的缺点如下：

（1）吊顶没有供隐藏管线等设备、设施的内部空间。故小口径的管线应预埋在楼屋盖结构及其构造层内，大口径的管线，则无法解决。

（2）直接式吊顶通常用于普通建筑，以及室内建筑高度空间受到限制的场所。

直接式吊顶可分为抹灰类顶棚、裱糊类顶棚、涂刷类顶棚、结构式顶棚。

1. 抹灰类顶棚

在屋面板或楼板的底面上直接抹灰的顶棚称为直接抹灰顶棚。直接抹灰顶棚的构造做法：先在顶棚的基层（楼板底）上刷一遍纯水泥浆，使抹灰层能与基层很好地粘合，然后用混合砂浆打底，再做面层。要求较高的房间，可在底板增设一层钢板网，在钢板网上再做抹灰，这种做法强度高、结合牢固，不易开裂脱落。普通抹灰适用于一般建筑或简易建筑，甩毛等装饰抹灰适用于声学要求较高的建筑。

2. 裱糊类顶棚

直接在基层处理完成后的屋顶和楼板下面贴壁纸、贴壁布及其他织物的顶面装饰装修方式称为裱糊类顶棚。这类顶棚主要用于装饰要求较高的建筑，如宾馆的客房、住宅的卧室等空间。

3. 涂刷类顶棚

在屋面或楼板的底面上直接用浆料喷刷而成的顶面装饰装修称为涂刷类顶棚。常用的材料有石灰浆、大白浆、色粉浆、彩色水泥浆、可赛银等。对于楼板底较平整又没有特殊要求的房间，可在楼板底嵌缝后，直接喷刷浆料。喷刷类装饰顶棚主要用于一般办公室、宿舍等建筑。

4. 结构式顶棚

将屋盖或楼盖结构暴露在外，利用结构本身的造型做装饰，不再另做顶棚，称为结构式顶棚。例如，在网架结构中，构成网架的杆件本身很有规律，充分利用结构本身的艺术表现力，能获得优美的韵律感；在拱结构屋盖中，利用拱结构的优美曲面，可形成富有韵律的拱面顶棚。结构式顶棚充分利用屋顶结构构件，并巧妙地组合照明、通风、防火、吸声等设备，组成和谐、统一的空间景观，一般应用于大型超市、体育馆、展览厅等大型公共性建筑中。

1.1.2　石膏线

1. 石膏线的用途和特点

直接式吊顶往往会搭配石膏线这种材料。石膏线是房屋装修材料，主要用于室内的装饰，可带各种花纹，实用、美观，具有防火、防潮、保温、隔声、隔热功能，并能起到豪华的装饰效果。石膏是气密性胶凝材料，石膏浮雕装饰产品必须具有相应厚度，才能保证其分子间的亲和力达到最佳程度，从而保证一定的使用年限和在使用期内的完整、安全。如果石膏浮雕装饰产品过薄，不仅使用年限短，而且影响安全。

高层住房的室内层高不是很高，在装修的时候，部分业主不想做吊顶，因为做了吊顶会显得层高又矮了一些。阴角上的处理如果没有装饰过，刮腻子的时候，施工人员必须把它校直，对尺寸精度要求很高，比较难处理。如果用吊顶、石膏板或石膏线将阴角这个难看的地方遮盖住，这个阴角就没有了，提升了视觉上层次感、线条感，看上去较为美观。

(1)过渡收口。房屋装修中的痛点之一就是存在收口问题，尤其是在日常生活中容易观察到的部分，如果收口不合理还不美观，对于居住者来说是不能忍受的。

因此，在墙面与地面或与墙面的收口部分，常用石膏线来掩盖收口的区域，尤其是在墙面、顶面交界处如果不平整的情况下，施工困难，石膏线的作用就更明显了。

另外，在这类墙、地、顶材料、用色不统一的情况下，使用石膏线也是比较好的处理方式。

(2)元素美观。在特定的风格(如法式、美式、轻奢和混搭)中，想要在细节中提升空间的高级感，那么石膏线就是最优材料选择。

(3)顶面电线隐藏。在室内的卧室、书房等可能不用到吊顶的空间，顶面的石膏线可以说是用来进行电线隐藏最好工具。

2. 石膏线的款式和尺寸

因为石膏线具有大用处，它伴随着室内行业发展了很长的时间，而聪明的室内设计师们已经能够将它制作成想要的任何样式。

(1)石膏角线。石膏角线是室内装修中使用最多的一种，其宽度有 100 mm、110 mm、150 mm 等，长度大多数是 2.4 m，用于棚顶与墙壁的夹角处。其主要作用是用来遮丑，可以遮住棚顶的不平及墙角位置的水电路长管道。

(2)石膏平线。石膏平线大多数是运用在墙面和棚顶中间位置来做装饰，其宽度有 40 mm、50 mm、60 mm 等，长度一般为 2.4 m 左右，通常都是以造型的形式呈现，属于石膏线造型的升级使用。

(3)石膏弧线。石膏弧线是运用在有弧度造型的位置来使用，通常都是特殊开模定制出来，在施工中无法改变大小，但整体装饰感很强，是高档石膏线造型的代表。

(4)石膏角花。角花的使用现在比较集中在家装空间，搭配平线进行使用，搭配的平线宽度一般是 40 mm、60 mm。

角花的常规尺寸有(宽×高)：280 mm×280 mm 搭配 2 440 mm×60 mm×19 mm、290 mm×290 mm 搭配 2 440 mm×55 mm×22 mm、300 mm×300 搭配 2 440 mm×60 mm×19 mm、360×360 mm 搭配 2 440 mm×60 mm×19 mm 等。

(5)梁托。梁托主要用于梁下、硬装门洞处，增加边角的柔美度和美感，常用于美式、田园、欧式等装修风格中。

梁托石膏线的宽度小于等于梁的宽度，梁托的常规尺寸有（宽×高×厚）230 mm×230 mm×230 mm、250 mm×250 mm×250 mm、300 mm×300 mm×300 mm等。

（6）灯盘。灯盘主要用于顶面，制作时通常会有精美的花纹进行修饰，为空间营造出富丽堂皇的氛围。安装灯盘时，如果开发商已经刷好了腻子，需要将顶面的腻子粉铲掉，露出水泥面，保证灯盘安装更加牢固。灯盘的常规尺寸有（ϕ 为直径）：ϕ50 mm、ϕ60 mm、ϕ75 mm、ϕ4 mm。

1.1.3 室内顶棚区域照明灯具

顶棚区域照明灯具是室内的主要照明方式，因空间形态、大小、高低及室内设计风格的不同而选用不同的灯具形式。

1. 悬垂吊挂灯

悬垂吊挂灯也称吊灯，是一种最常见的照明兼装饰用灯具，是各类建筑厅堂主要照明形式之一，用金属杆、链或电线将灯具悬挂在顶棚上作为整体照明的灯具，多以白炽灯为光源，用漫射光线的材料做灯罩或栅格，以免产生眩光。吊灯广泛应用于酒店宾馆大厅、宴会厅、贵宾厅、多功能厅等公共建筑和住宅起居室照明装饰。

2. 吸顶灯

吸顶灯是室内装饰最常见的一种灯饰，吸顶灯无吊杆，是直接固定在顶棚上的灯具，适用于在层高较低的空间中安装。

吸顶灯多用于走廊、门厅、办公室、会议室、厨房、卫生间等处，作为普通照明或装饰照明，但是房间4个角的照度较差，要考虑到辅助安装其他类型的照明灯具。

3. 聚光灯

聚光灯（含射灯）是类似小探照灯的一种设备，有一个可调反光镜，通常装有白炽灯或卤素灯、弧光灯。聚光灯可以调节光束焦点，用于在室内将一窄束强光照射在一个选定的小区域内（如舞台或待照相的对象等）。

4. 筒灯

（1）普通筒灯。普通筒灯是顶棚装饰的主要照明形式之一，属于嵌入式点光源直射光照方式，可配合主灯照明，也可满棚镶嵌或做局部照明等。可安装的照明光源有各类型的白炽灯、各类型的紧凑型节能荧光灯等。

普通筒灯一般是将灯具按一定方式嵌入顶棚，并配合室内空间共同组成所要的各种造型。

如果顶棚照度要求较高，也可以采用半嵌入式灯具。其外形有暗装式、明装式等。其中，明装式筒灯的随意性很强。

（2）筒射灯。筒射灯一般结构主要可分为灯杯、灯碗。灯杯是光源，一般可调整照射方向。光源采用传统卤素灯（由于色温的不同，可呈现出不同程度的白光及有色光，功率一般在50 W以上，表面温度较高）或LED灯源（将取代传统卤素灯）。

从筒射灯的类型来看有吸顶射灯、座式射灯、路轨射灯、导轨射灯、走线射灯、软轨射灯、单头射灯、双头射灯、三头射灯等。

筒射灯适用于局部高亮度照明，特别是陈设与商品展示等。

5. 格栅灯

(1)格栅射灯(也称豆胆灯)。采用若干射灯光源组合而成的照明单元,外形分为方形、长方形等。在风格上适合现代简洁的室内风格。

(2)格栅灯盘。格栅灯盘广泛应用于写字间、楼道、医院、学校、试验室等各类公共场所。灯盘材质一般分为不锈钢、铝合金两类。按表面质感又分为亮光与亚光两类。格栅灯盘可以有效防止眩光的产生,光源一般是荧光灯管,一般可与烤漆铝合金龙骨矿棉板配套使用。

格栅灯盘可安装的照明光源有 T8 荧光灯管、T5 荧光灯管等。

6. 工矿灯

工矿灯原指工厂、矿井的生产作业区中使用的大照度灯具,属于吊灯的一种。一般光源为功率较大的单头白炽灯、卤素灯、高强度气体放电灯或荧光节能灯,灯罩为铝合金材质,价格较低,现今被广泛应用于空间较大的室内办公、厅堂、超市及厂房等场所。

7. 金属拉丝灯

金属拉丝灯是将两根金属拉线固定于墙壁两侧,在拉线上安装可移动射灯的一种照明形式。

1.1.4 照明光源

照明灯具是光源、线罩和管架的总称。各类灯具均具有不同的使用目的及使用场所,只有了解各类灯具的基本性能及光照效果,在功能上合理运用灯具,以及在造型上准确选用灯具,才能创造出一个舒适、节能的光照环境。照明选择与设计在具体的施工图纸上体现在棚图(天花图)或立面图,相应的图示方法也应达到准确示意的目的。

(1)白炽灯。白炽灯是将灯丝通电加热到白炽状态,利用热辐射发出可见光的电光源。自 1879 年,爱迪生制成了碳化纤维(碳丝)白炽灯以来,经人们对灯丝材料、灯丝结构、充填气体的不断改进,白炽灯的发光效率也相应提高。白炽灯具有光谱连续、显色性能好、结构简单、使用方便、价格低等优点,在室内照明中广泛应用。

白炽灯的瓦数(国标)有 15 W、25 W、40 W、60 W、100 W、200 W、300 W。

白炽灯表面质感有乳白磨砂型(光源均匀统一,可减少眩光和阴影)和透明型(灯光明亮透彻)。

(2)荧光灯。荧光灯的使用率约占人造光源的 70%。荧光灯光效高,耗能少,因而成为众多照明场合经济实用的首选。在能量与寿命上,1 支荧光灯需要的电量仅是传统白炽灯泡的 1/50,在使用电子镇流器时,它们的平均寿命为 12 000 h,而普通白炽灯泡的使用寿命只是 1 000 h。

(3)霓虹灯。霓虹灯管即低气压冷阴极辉光放电灯,是依靠灯光两端电极头在高压电场下将玻璃灯管内的惰性气体击燃,它不同于普通光源必须把灯丝烧到高温才能发光,造成大量的电能以热能的形式被消耗掉,因此,消耗同样多的电能,霓虹灯具有更高的亮度。

霓虹灯的光色是由充入惰性气体的光谱特性决定的:光管型霓虹灯充入氖气,霓虹灯发红色光;荧光型霓虹灯充入氩气及汞后,发出蓝色、黄色等光(或透过彩色玻璃管发光)。

霓虹灯由于具有冷阴极特性,工作时的灯管温度不超过 60 ℃,可以置于日晒雨淋环境或水中。另外,霓虹灯光谱具有很强的穿透力,在雨天或雾天仍能保持较好的视觉效果,所以，广泛应用于酒吧、KTV等商业门面。霓虹灯的施工应由专业公司操作。

随着新型电极、新型电子变压器的应用，霓虹灯的耗电量大大降低，由过去的每米灯管耗电 56 W 降到现在的每米灯管耗电 12 W。霓虹灯在连续工作不断电的情况下，寿命达 10 000 h 以上，这一优势是其他电光源都难以达到的。

(4)LED光源。LED是英文发光二极管的缩写，它的基本结构是将一块电致发光的半导体材料置于一个有引线的架子上，然后四周用环氧树脂密封，起到保护内部芯线的作用，所以 LED 的抗震性能好。LED 使用低压电源，供电电压为 6～24 V，根据产品的不同而异，所以它是一个比使用高压电源更安全的电源，特别适用于公共场所。它消耗的能量较同光效的白炽灯减少 80%。但是 LED 的价格比较高(相较白炽灯，几支 LED 管的价格就可以与一支白炽灯的价格相当，而一支 LED 灯具可能由十几支或几十支二极管构成)。

LED 作为一种新型光源，已广泛应用于各类照明器，如 H 型 LED 灯、LED 射灯、LED 节能灯、LED 软体霓虹灯(使用同传统彩虹管，可用于室内隐光设计或广告工程)等。

(5)高压汞灯。高压汞灯是由石英电弧管、外泡壳(通常内涂荧光粉)、金属支架、电阻件和灯头组成。电弧管为核心元件，内充汞与惰性气体。放电时，内部汞蒸气为 2～15 个大气压，因此称为高压汞灯。高压汞灯应用了先进的制灯工艺，使高压汞灯的光效更高、寿命更长，发白光，色温为 4 100 K 左右，由于该产品不需要外接镇流器，所以使用非常方便。其光效是白炽灯的 2 倍，寿命是白炽灯的 10 倍，而且经济实惠，被广泛应用于室内外的工业照明、庭院照明、街区照明等领域。

(6)光纤灯。光纤照明系统由光源、反光镜、滤色片及光纤组成。当光源通过反光镜后，形成一束近似平行光。由于滤色片的作用，又将该光束变成彩色光。当光束进入光纤后，彩色光就随着光纤的路径送到预定的地方。

(7)卤素灯。卤素灯型样小，照射效率高，缺点为晃眼、发热量大。在使用中最好不要安装在可直接照射到眼睛的地方。用于台灯或局部照明效果非常好。卤素灯体积小，可以使用在特殊造型的灯具中。

卤素灯的应用非常广泛，如今被广泛用于家居、办公室、建筑物和交易会等场所。它也有多种类型的产品，如卤素反射灯、卤素灯、碘钨灯、溴钙灯、反光杯灯等。

知识拓展：石膏线及顶面照明

1.2 素质素养养成

(1)在查阅资料的过程中，学生可以通过多种渠道，如网络、书籍、材料市场，综合分析整理信息，认真思考，养成严谨端正的工作态度。

(2)室内涂饰材料、石膏线、照明灯具选择范围较广，品牌种类繁多。生产厂家不同、价格不等、材料品质参差不齐有所不同。在学习调研的过程中，同学们应看清楚是否有环保标识，以及检验标准和权威的检测机构的报告。要选择有正规部门认证、质检合格的产品来使用。如涂料，由于原料及添加物的等级与来源不同，乳胶漆也会含有部分化学味及挥发性有机化合物（TVOC）。要注意 TVOC 的含量成分，并选择有绿色环保标签的产品才有保障。

（3）作为一名室内设计工作者，我们有义务建议业主不要使用劣质的材料。有些劣质材料中含有对人体有害的物质，可能危害生命！提倡"健康环保"，而提高人们的生活品质并保护人们的安全是我们重要的使命。

1.3 任务实施

1. 学生分组

学生分组表

班级		组号		授课教师	
组长		学号			
组员	姓名	学号		姓名	学号

2. 自主探学

任务工作单 1

组号：_____　　姓名：_____　　学号：_____　　检索号：＿3217-1＿

引导问题：

（1）请说明常见涂饰材料的分类与特性。

_____

_____

_____

_____

_____

_____

_____

_____

（2）请说明石膏线条的分类及特性。

_____

_____

_____

_____

_____

_____

_____

_____

（3）请说明顶棚区域照明灯具（光源类型）。

_____

_____

_____

_____

_____

_____

_____

_____

_____

任务工作单 2

组号：_____ 姓名：_____ 学号：_____ 检索号：___3217-2___

引导问题：

（1）识别图 3-10～图 3-15 中石膏线的款式与适用区域并填入表 3-5 中。

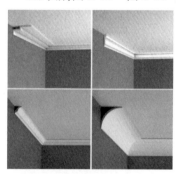

图 3-10　石膏线款式（一）

图 3-11　石膏线款式（二）

图 3-12　石膏线款式（三）

图 3-13　石膏线款式（四）

图 3-14　石膏线款式（五）

图 3-15　石膏线款式（六）

表 3-5　石膏线的款式与适用区域

序号	款式	适用区域

（2）识别图 3-16～图 3-21 中光源类型与灯具材质（表 3-6）。

图 3-16　光源类型（一）

图 3-17　光源类型（二）

图 3-18　光源类型(三)

图 3-19　光源类型(四)

图 3-20　光源类型(五)

图 3-21　光源类型(六)

表 3-6　光源类型与灯具材质

图例序号	光源类型	灯具材质

(3)请说明图 3-22～图 3-28 中照明灯具的光源类型、灯具材质和使用范围(表 3-7)。

图 3-22　照明灯具(一)

图 3-23　照明灯具(二)

图 3-24　照明灯具(三)

图 3-25　照明灯具(四)

图 3-26　照明灯具(五)

图 3-27　照明灯具(六)

图 3-28　照明灯具(七)

表 3-7　照明灯具的光源材质和使用范围

图例序号	光源类型	灯具材质	使用范围

3. 合作研学

任务工作单

组号：_____　　姓名：_____　　学号：_____　　检索号：　3218-1

引导问题：

(1)小组讨论并确定任务工作单 3217-1、3217-2 的最优答案，教师参与，然后检讨自己的不足之处。

_____

_____

_____

_____

_____

_____

_____

_____

(2)每组推荐一个小组长汇报全组情况。组中的其他成员根据汇报情况再次检讨自己的不足之处。

_____

_____

_____

_____

_____

_____

_____

_____

4. 展示赏学

任务工作单

组号：_____　　姓名：_____　　学号：_____　　检索号：<u>3219-1</u>

引导问题：

每组推荐一个小组长，根据任务工作单 3217-1、3217-2 的内容汇报全组情况。组中的其他成员根据汇报情况再次检讨自己的不足之处。

_____

_____

_____

_____

_____

_____

_____

1.4　评价反馈

任务工作单 1

组号：_____　　姓名：_____　　学号：_____　　检索号：<u>32110-1</u>

自我评价表

班级		组名		日期	年　月　日
评价指标	评价内容			分数	分数评定
信息收集能力	能否有效利用网络、图书资源、市场资源查找有用的相关信息；能否将查到的信息有效地融入学习过程			10 分	
感知课堂生活	能否在学习中获得满足感及课堂生活的认同感			10 分	
参与态度、沟通能力	能否积极、主动地与教师、同学交流，相互尊重、理解、平等；与教师、同学之间能否保持多向、丰富、适宜的信息交流			15 分	
	能否处理好合作学习和独立思考的关系，做到有效学习；能否提出有意义的问题或能发表个人见解			10 分	
知识、能力获得	能否正确识别涂饰材料、石膏线、照明灯具的能力			10 分	
	能否正确分辨涂饰材料、石膏线、照明灯具的使用范围			10 分	
辩证思维能力	能否发现问题、提出问题、分析问题、解决问题、创新问题			10 分	
自我反思	按时、保质地完成任务；较好地掌握了知识点；具有较为全面、严谨的思考能力，并能条理清楚地表达出来			25 分	
自评分数					
总结提炼					

任务工作单 2

被评价人信息：组号：_____　姓名：_____　学号：_____　检索号：__32110-2__

小组内互评验收表

验收人组长		组名		日期	年　月　日
组内验收成员					
任务要求	能正确识别涂饰材料、石膏线、照明灯具的能力；能正确分辨涂饰材料、石膏线、照明灯具的使用范围				
文档验收清单	被评价人完成的 3217-1 任务工作单				
	被评价人完成的 3217-2 任务工作单				
	相配套的材料图片及检索资料				
验收评分	评分标准			分数	得分
	能正确描述涂饰材料、石膏线、照明灯具的基本特性，每类至少 5 种，共 3 类，缺一处扣 2 分			30 分	
	能正确描述涂饰材料、石膏线、照明灯具的使用范围，每类至少 5 种，共 3 类，缺一处扣 4 分			60 分	
	相配套的材料图片及检索资料，共 2 份，少一份扣 5 分			10 分	
	评价分数				
总体效果定性评价					

任务工作单 3

被评组号：_____　　　　　　　　　检索号：__32110-3__

小组间互评表（听取各组组长汇报，其他同学打分）

班级		评价小组		日期	年　月　日
评价指标	评价内容			分数	分数评定
汇报表述	表述准确			15 分	
	语言流畅			10 分	
	准确反映该组完成任务情况			15 分	
内容正确度	表述的内容正确			30 分	
	阐述到位			30 分	
	互评分数				

任务工作单 4

组号：_____   姓名：_____   学号：_____   检索号：__32110-4__

任务完成情况评价表

任务名称	直接式吊顶材料认知与应用			总得分		
评价依据	学生完成任务后任务工作单					
序号	任务内容及要求		配分	评分标准	教师评价	
					结论	得分
1	能正确描述涂饰材料、石膏线、照明灯具的基本特性	(1)描述正确	20分	缺一个要点扣2分		
		(2)语言表达流畅	10分	酌情给分		
2	能正确描述涂饰材料、石膏线、照明灯具的使用范围	(1)描述正确	30分	缺一个要点扣2分		
		(2)语言表达流畅	10分	共5类，缺一类扣2分		
3	相配套的材料图片及检索资料	(1)数量	10分	共2份，每少一份扣5分		
		(2)参考的主要内容要点	5分	酌情给分		
4	素质素养评价	(1)沟通交流能力	15分	酌情给分，但违反课堂纪律、不听从组长和教师安排的，不得分		
		(2)团队合作				
		(3)课堂纪律				
		(4)自主研学				
		(5)合作探学				
		(6)工作态度				
		(7)法律意识				
		(8)环保理念				

任务 2 悬吊式吊顶材料认知与应用

2.1 相关知识链接

悬吊式即一般所说的吊顶，它是通过不同材质的吊点、吊筋、龙骨与饰面材料悬吊于原顶棚楼板下的装修方式，悬吊式装饰面板与原建筑顶面结构保持一定的空间距离，凭借悬吊的空间来隐藏原建筑结构错落的梁体，并使消防、电气、暖通等隐蔽工程的管线不再外露。

在现代建筑中，不同的艺术造型和装饰构造的吊顶装饰在达到整体统一的视觉美感的同时，不但丰富了顶棚的装饰样式，而且也兼备了隔声、防火、吸声、保温、隔热等功能。

简单地说，吊顶材料的构造形式可分为龙骨与面材两类。龙骨提供垂直及横向的内部顶棚空间支撑；面材类为附着于龙骨的外层饰面材料。

2.1.1 悬吊式吊顶装饰构造

悬吊式吊顶装饰无论采用何种装饰材料、何种装饰构造，都必须充分考虑使用安全，如承载的安全性、材料的防火性等。其装饰构造可概括为吊点、吊筋、龙骨（格栅）和饰面板四部分。

1. 吊点

吊点是指置于原建筑结构楼板的预埋件，即竖向吊筋与水平楼板或横梁的最初连接结构。它起到的是承受所有吊顶结构材料质量及其他荷载（如上人维修、大型的灯具及装饰饰物）的作用。根据吊顶承重设计要求、吊顶材料及建筑结构材料的不同，吊点的选择也有所不同。承重较大的吊点可采用在楼板交接处预设 T 形钢筋做吊点；也可采用楼板内预设金属膨胀螺栓做吊点。

（1）预设吊点。在原建筑结构楼板预先埋设吊点，在进行装饰吊顶时，就可以直接使其与金属吊筋进行搭接或焊牢。

（2）金属膨胀螺栓。金属膨胀螺栓作为吊点，其下端通过角码件（一端钻出与膨胀螺栓直径相适应的孔，用来紧固）的另一端与钢筋搭接或焊牢。

（3）金属内扣膨胀螺栓。与金属膨胀螺栓不同的是，金属内扣膨胀螺栓与全螺纹钢质吊筋为一体，这种吊点一般用于单层不上人吊顶或空间面积小的轻质金属龙骨或木龙骨为结构材料的吊顶，适合不上人轻钢龙骨吊顶矿棉吸声板、铝制吊顶等轻质装饰吊顶的吊点，在实际装饰工程中应用较为广泛。

（4）木质吊点。用木方做吊点，因其加工便捷且具有经济性，在一般装饰工程中应用仍很广泛，常用于空间面积小且以木方做龙骨的装饰吊顶。用它做结构材料时，必须涂饰防火漆，这样才能达到消防标准。

2. 吊筋

吊筋是吊点与龙骨之间的垂直连接体，它同样起到承载吊顶结构龙骨和饰面板质量的作用。根据使用功能、结构材料的不同，吊筋的选择也有所不同。

（1）木质吊筋。采用截面面积为 30 mm×40 mm、30 mm×50 mm 或 40 mm×60 mm 的木方；或用优等人造板裁成的板条做吊筋，一般用于以木方做龙骨的装饰吊顶。用它做结构材料必须涂饰防火漆，以达到消防要求。

（2）金属钢筋。金属钢筋作为吊筋（挂），使用极其广泛，一般用于以金属龙骨或木质龙骨为结构材料的吊顶装饰，如轻钢龙骨、铝合金龙骨、木质龙骨，以及在承载要求较高的情况下。

（3）镀锌钢丝。镀锌钢丝作为吊筋，一般用于空间面积较狭小并用轻质金属龙骨做结构材料，如铝制龙骨，适合矿棉吸声板、铝格栅、铝制吊顶等轻体结构装饰吊顶。

3. 龙骨（格栅）

龙骨（格栅）构成吊顶骨架部分，承载着饰面板的质量（或还要承载检修荷载）。龙骨根据不同的功能又可分为主龙骨、次龙骨等。目前较为常用的是金属型材龙骨和木质龙骨。

(1)金属型材龙骨,如轻钢龙骨、铝质龙骨及金属空腹格栅和金属网等。

(2)木质龙骨,如截面面积 30 mm×40 mm、30 mm×50 mm 或 40 mm×60 mm 的松木或杉木方。

4. 饰面板

饰面板是附着于龙骨之下的轻质面层材料。根据使用性质及龙骨种类的不同,饰面板可分为各种纸面石膏板、矿棉吸声板、木质胶合板及其贴面复合板、硬质聚氯乙烯塑料扣板、玻璃制品、各种金属方形或条形装饰扣板等。

2.1.2 常见吊顶材料及应用

1. 木质龙骨吊顶

木质结构的吊顶指的是其吊点、吊筋、龙骨骨架多以木质结构为主,主要有杉木方、松木方等。木质结构的吊顶,特别要强调做好防火、防潮及防腐、防脱落的有效措施。木质吊顶可以是不设承载龙骨(主龙骨)的单层结构;也可以按设计要求组装成上下双层构造,即承载龙骨其上用吊杆连接顶棚结构吊点,其下部为附着饰面板的龙骨骨架。当吊顶空间内有上人要求的,应该采用金属材质的吊点及吊筋,并加设金属主龙骨作为主要承载。

2. 轻钢龙骨吊顶

轻钢龙骨是以优质冷轧退火卷带为原材料,经冷弯或冲压而成的薄壁型吊顶龙骨支撑材料。轻钢龙骨因其材料自身的强度、防火阻燃、防潮耐腐、施工方便等性能,而被广泛应用在现代建筑物室内吊顶与隔墙、墙面的装饰施工中。

轻钢龙骨吊顶的主要特征如下:

(1)装配化程度高,安装拆卸方便,设置灵活,能够使装修工程实现施工工业化。同时,可极大地改善劳动条件,提高劳动生产率。

(2)刚度大、强度高、安全可靠。上人吊顶龙骨,完全可以满足吊顶检修马道的设置需要。质量轻,能大大降低吊顶装修层的自重和建筑物的承重。U 形轻钢龙骨与厚度为 9 mm 石膏板组成的吊顶,每平方米质量仅 11 kg 左右,只相当于抹灰吊顶质量的 1/4。

(3)轻钢龙骨吊顶有良好的防火性能,与石膏罩面板结合的耐火极限,完全可以达到国家对建筑设计的防火规范要求。

(4)抗震性能较好,能明显减少地震荷载及承受较大层间变位的能力。这是由于轻钢龙骨本身的质量轻,其结构连接多采用预留件焊接、射钉、抽芯斜钉和自攻螺钉连接,因而形成一种可以滑动的连接效果,在地震剪力和水平风荷载作用下,轻钢龙骨不参与受力。

2.1.3 装配式吊顶材料及应用

装配式吊顶避免了给现场造成过多的环境污染,使粉尘、噪声、湿作业等都能得到有效控制。因其产品多为成品或半成品,施工装配速度极高,装修质量更具保证,主要包含矿棉板吊顶及各类金属面板吊顶等。

1. L、T 形铝合金龙骨矿棉吸声板吊顶

L、T 形铝合金龙骨矿棉吸声板的吊顶应用极其广泛，被大量用于各类公共场所。其采用装配式安装方法，可分为明装烤漆龙骨和暗装龙骨两种。将罩面板直接搁放在龙骨架上，显露 T 形铝合金龙骨烤漆底面，称为明龙骨吊顶；不显露 T 形铝合金龙骨底边的，将罩面板开槽部位逐一插入龙骨架中的吊顶方式，称为暗龙骨吊顶。

2. 金属饰面吊顶施工工艺

轻质金属吊顶材料，特别是铝合金成品（铝镁合金厚膜产品或铝镁合金优于一般铝合金产品）吊顶，既具有金属特有的庄重质感、光泽及较好的防火性，又具有轻盈的材质属性（吊顶材料一般质量为 3 kg/m² 左右），因其独特的表面效果及施工装配便捷性而广泛地应用于商业、办公、交通航站等公共空间厅、厅堂吊顶及住宅厨房、卫浴间等室内吊顶装饰中。金属板材装饰吊顶主要是指采用金属块形饰面板、金属条形饰面板、格栅形饰面板进行吊顶装饰，也包括金属格片、花片吊顶、金属多功能网络体吊顶及筒式吊顶等。

2.1.4 其他常见吊顶板材及施工工艺

吊顶板材除上述的石膏板材外，前面介绍的木质复合板材，如细木工板、胶合板、中密度板等也都是常见、常用的适合做造型吊顶的面材。

知识拓展：悬吊式吊顶

2.2 素质素养养成

（1）在查阅资料的过程中，学生可以通过多种渠道，如网络、书籍、材料市场，综合分析整理信息，认真思考，养成严谨的工作态度。

（2）悬吊式吊顶所用材料种类较多。生产厂家不同、价格不等、材料品质参差不齐有所不同。在学习调研的过程中，学生应看清楚是否有环保标识，是否有检验标准和权威的检测机构的报告。要选择有正规部门认证、质检合格的产品来使用。如木质吊点，用它做结构材料必须涂饰防火漆，以达到消防要求。在安装过程中，对于虫蛀、腐烂、劈裂及不够规格的木方应及时更换。

（3）作为一名室内设计工作者，我们有义务建议业主不要使用劣质的材料。有些劣质材料中，含有对人体有害的物质，会危害人的生命。用"健康环保"的理念提高人们的生活品质，是我们未来职业岗位中很重要的使命。

2.3 任务实施

1. 学生分组

学生分组表

班级		组号		授课教师	
组长		学号			
组员	姓名	学号		姓名	学号

2. 自主探学

任务工作单1

组号：＿＿＿＿＿＿　　姓名：＿＿＿＿＿＿　　学号：＿＿＿＿＿＿　　检索号：＿3227-1＿

引导问题：

(1)请说明悬吊式吊顶的类型与特性。

_____

_____

_____

_____

_____

(2)请说明悬吊式吊顶经营使用的材料及其构造。

_____

_____

_____

_____

_____

任务工作单 2

组号：＿＿＿＿　姓名：＿＿＿＿　学号：＿＿＿＿　检索号：　3227-2

引导问题：

(1)识别图 3-29～图 3-34 中的龙骨构件材料(表 3-8)。

图 3-29　龙骨构件材料(一)

图 3-30　龙骨构件材料(二)

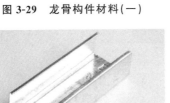

图 3-31　龙骨构件材料(三)

图 3-32　龙骨构件材料(四)

图 3-33　龙骨构件材料(五)

图 3-34　龙骨构件材料(六)

表 3-8　龙骨构件材料

图例序号	龙骨构件类型	龙骨构件型号

(2)识别图 3-35～图 3-37 中吊顶的结构类型与适用区域(表 3-9)。

图 3-35　吊顶结构类型(一)

图 3-36　吊顶结构类型(二)

图 3-37　吊顶结构类型(三)

表 3-9　吊顶结构类型与适用区域

序号	结构类型	适用区域

3. 合作研学

任务工作单

组号：_____　　姓名：_____　　学号：_____　　检索号：　3228-1

引导问题：

(1)小组讨论并确定任务工作单 3227-1、3227-2 的最优答案，教师参与，然后检讨自己的不足之处。

_____

_____

_____

_____

_____

_____

_____

(2)每组推荐一个小组长汇报全组情况。组中的其他成员根据汇报情况再次检讨自己的不足之处。

_____

_____

_____

_____

4. 展示赏学

任务工作单

组号: _____ 姓名: _____ 学号: _____ 检索号: 3229-1

引导问题:

每组推荐一个小组长，根据任务工作单 3227-1、3227-2 的内容汇报全组情况。组中的其他成员根据汇报情况再次检讨自己的不足之处。

_____

_____

_____

2.4 评价反馈

任务工作单 1

组号: _____ 姓名: _____ 学号: _____ 检索号: 32210-1

自我评价表

班级		组名		日期	年 月 日
评价指标	评价内容			分数	分数评定
信息收集能力	能否有效利用网络、图书资源、市场资源查找有用的相关信息；能否将查到的信息有效地融入学习过程			10 分	
感知课堂生活	能否在学习中获得满足感及课堂生活的认同感			10 分	
参与态度、沟通能力	能否积极、主动地与教师、同学交流，相互尊重、理解、平等；与教师、同学之间能否保持多向、丰富、适宜的信息交流			15 分	
	能否处理好合作学习和独立思考的关系，做到有效学习；能否提出有意义的问题或能发表个人见解			10 分	
知识、能力获得	能否正确识别悬吊式吊顶类型、特性的能力			10 分	
	能否正确分辨悬吊式吊顶材料与其应用范围的能力			10 分	
辩证思维能力	能否发现问题、提出问题、分析问题、解决问题、创新问题			10 分	
自我反思	按时保质地完成任务；较好地掌握了知识点；具有较为全面、严谨的思考能力，并能条理清楚地表达出来			25 分	
自评分数					
总结提炼					

被评价人信息：组号：_____ 姓名：_____ 学号：_____ 检索号：_32210-2_

小组内互评验收表

验收人组长		组名		日期	年 月 日
组内验收成员					
任务要求	能正确识别悬吊式吊顶类型、特性；能正确分辨悬吊式吊顶材料与其应用范围				
文档验收清单	被评价人完成的 3227-1 任务工作单				
	被评价人完成的 3227-2 任务工作单				
	相配套的材料图片及检索资料				
验收评分	评分标准			分数	得分
	能正确描述悬吊式吊顶类型和基本特性，共 3 类，缺一处扣 10 分			30 分	
	能正确描述不同类型悬吊式吊顶的材料与应用范围，共 5 类，缺一处扣 12 分			60 分	
	相配套的材料图片及检索资料，共 2 份，少一份扣 5 分			10 分	
评价分数					
总体效果定性评价					

被评组号：_____ 检索号：_32210-3_

小组间互评表（听取各组组长汇报，其他同学打分）

班级		评价小组		日期	年 月 日
评价指标	评价内容			分数	分数评定
汇报表述	表述准确			15 分	
	语言流畅			10 分	
	准确反映该组完成任务情况			15 分	
内容正确度	表述的内容正确			30 分	
	阐述到位			30 分	
互评分数					

任务工作单 4

组号：_____　　姓名：_____　　学号：_____　　检索号：<u>32210-4</u>

任务完成情况评价表

任务名称	悬吊式吊顶材料认知与应用			总得分		
评价依据	学生完成任务后任务工作单					
序号	任务内容及要求		配分	评分标准	教师评价	
					结论	得分
1	能正确识别悬吊式吊顶类型、特性	(1)描述正确	15分	缺一个要点扣5分		
		(2)语言表达流畅	10分	酌情给分		
2	能正确分辨悬吊式吊顶材料与其应用范围	(1)描述正确	35分	缺一个要点扣5分		
		(2)语言表达流畅	10分	共5类，缺一类扣2分		
3	相配套的材料图片及检索资料	(1)数量	10分	共2份，每少一份扣5分		
		(2)参考的主要内容要点	5分	酌情给分		
4	素质素养评价	(1)沟通交流能力	15分	酌情给分，但违反课堂纪律、不听从组长和教师安排的，不得分		
		(2)团队合作				
		(3)课堂纪律				
		(4)自主研学				
		(5)合作探学				
		(6)工作态度				
		(7)法律意识				
		(8)环保理念				

项目 3　墙面材料认知与应用

任务 1　涂饰墙面材料认知与应用

任务描述

　　列举不同涂饰墙面材料及其主要特点，辨别所给效果图中出现的具体墙面材料及其所属类别。

知识目标

(1)掌握室内空间常见涂饰墙面材料的识别技巧；

(2)掌握室内空间常见涂饰墙面材料的应用方法。

能力目标

(1)具备识别室内空间常见涂饰墙面材料的能力；

(2)具备独立编制室内空间常见涂饰墙面材料分析报告的能力。

素养目标

(1)培养善于观察、分析问题的意识；

(2)培养绿色低碳环保意识，坚持"以人为本"的选材原则。

重难点

重点

室内空间常见涂饰墙面材料的识别。

难点

室内空间常见涂饰墙面材料的应用。

1.1 相关知识链接

墙纸、墙布、油漆、胶是室内设计中常用的涂饰墙面材料。它们与其他硬质饰面材料相比，具有更温馨的表面质感，产品种类多样，广泛用于家居空间、宾馆、酒店等商业空间的墙面设计中。涂饰墙面材料在我国日益受到消费者的青睐，如现代墙纸配合现代印刷工艺与现代制造技术，花色繁多、异彩纷呈，进口产品与国产产品各自占据着一定的市场份额。

1.1.1 墙纸、墙布

室内常用的墙纸大致有纯纸墙纸、纸基 PVC 墙纸、金箔墙纸、草编墙纸、木纤维墙纸、纸基布面墙纸、无纺布墙纸等墙面材料。

1. 纯纸墙纸

纯纸墙纸由纸浆制成，其突出的优点是环保性能好，而且由于纯纸墙纸多以平面印花工艺制作而成，色彩度最丰富、最鲜艳；缺点是耐水性差，耐擦洗性能差，施工时要求技术难度高，一旦操作不当，容易产生明显的接缝。另外，纯纸墙纸因纸浆的级别不同而分成不同的档次。

纯纸墙纸是所有材料中最薄的，无论厂商在表面增加怎样的工艺效果（如浮雕），只要看其反面光滑，几乎没有纹理，接近 A4 纸，平面彩印的地方光滑、亮泽，基本上就可以判断其为纯纸墙纸。

2. 纸基 PVC 墙纸

纸基 PVC 墙纸可以乱涂画，其在很长的一段时间里都是墙纸里面运用最多的工艺。在生产印刷流水线上配有锅炉加热 PVC 材料，使其保持液态，在纸张经过彩色辊套印上颜色后，PVC 会被涂在纸基表面，在其还未硬化之前用刻有凹凸纹路的钢辊从表面轧过，然后快速冷却硬化后，浮雕效果就产生了。

因为表面是防水、防污的，所以即使儿童经常在墙面上乱涂乱画，也不用担心，只要处理及时不易留下痕迹。其缺点是这种壁纸有淡淡的气味散出，这是因为有 PVC 的原因。正规厂家生产的纸基 PVC 壁纸环保性基本没有问题。

PVC 墙纸的辨别可以通过观察墙纸的背面纸基和表面 PVC 分辨，如需进一步确认，可以撕下墙纸拐角破口处观察 PVC 和底纸两种不同材料。用火烧的方法也是鉴别方法一种，如有黑烟、臭味，则有可能是由 PVC 材质制成的壁纸。

3. 金箔墙纸

金箔墙纸又称金墙纸、金壁纸、手工金壁纸、手工金墙纸，是一种特殊高档、豪华手工墙纸，是建筑装饰材料的一种。将 99.99％的金属（金、银、铜、铂等）经过十几道特殊工艺，捶打成十万分之一的薄片，然后经手工贴饰于原纸表面，再经过各种印花等加工处理，最终制成金箔墙纸。

金箔墙纸以特效见长，是用金、铝、箔制成的特殊墙纸，呈现出金、银等金属色系，具有防水作用，并给人富丽堂皇之感。

无论它表面印刷什么花色，只要是金属感材质表面，就是金箔墙纸了。

4. 草编墙纸

草编墙纸是以草、麻、木、竹、藤、纸绳等十几种天然材料为主要原料，经传统工艺手工编织而成的高档墙纸，它具有透气、静音、质朴、高雅等特性，是对环境没有任何污染的绿色产品。此类墙纸还具有自然、古朴、粗犷之美，且富有浓厚的田园气息，给人以置身于自然原野之中的感受。

需要注意的是，草编墙纸相对较脆弱，容易受到潮湿和损坏的影响。因此，在对其进行安装和维护时，需要特别小心，避免液体浸泡和机械损伤。

辨别草编墙纸的方法是，只要表面为植物材质，底面为低基即可归为"草"编墙纸。

5. 木纤维墙纸

木纤维墙纸制造时使用木纤维材料。这种墙纸通常具有独特的质地和外观，使其成为室内装饰的一种吸引人的选择。另外，木纤维墙纸具有环保、透气的优点，随着人们对环保要求的提高，人们渴望回归自然，追求健康生活，因此，环保、透气的木纤维墙纸逐渐成为墙纸市场的主流产品。但目前市面上的木纤维墙纸并不多，有些不法商家甚至用PVC墙纸冒充木纤维墙纸销售，使消费者上当受骗。

需要注意的是，木纤维墙纸在潮湿环境下可能不适用，因为湿气可能导致其膨胀或变形。在选择和安装木纤维墙纸时，应考虑房间的用途和环境条件，以确保其持久性和美观。

辨别木纤维墙纸，选择时翻开墙纸的样本，凑近闻其气味，木纤维墙纸散出的是淡淡的木香味，几乎闻不到气味，如有异味则绝不是木纤维。另外，用火烧的方法也是鉴别木纤维墙纸最有效的办法。木纤维墙纸燃烧时没有黑烟，就像烧木头一样，燃烧后留下的灰尘也是白色的。木纤维墙纸有着类似无纺布墙纸的厚度和纯纸墙纸的质量，木纤维墙纸的背面也可以看得出是很多草纤维和纸浆的混合。

6. 纸基布面墙纸

纸基布面墙纸是以纸为底层，以丝、毛、棉、麻化纤等纤维织成面层，与纸张经过复合加工在一起制成的墙纸。其优点是透气性好，无毒，无静电，不褪色，耐磨且色彩柔和，显得华丽、典雅。其缺点是布面容易积灰，不易清洗，多用于室内高级装修。

辨别纸基布面墙纸非常简单，其表面就是纺织面，在面料上会用到的工艺墙布上都会看到，转印、提花、刺绣都有。现在很多工厂甚至将纸基更换成更轻、更薄的无纺层，作为纸基的替代材料。

7. 无纺布墙纸

无纺布墙纸由木浆、PE纤维混合而成。看上去有丝绒的感觉，摸起来有质感，其特点是尺寸稳定、不易脏。

辨别无纺布可以参照纯纸墙纸，两者的表面工艺很接近，无纺布相比纯纸表面略微粗糙、厚度厚、质量轻。

1.1.2 墙面漆

墙面漆是以合成树脂乳液为基料，以水为分散介质，加入颜料、填料（体质颜料）和助剂，经一定工艺过程制成的涂料。墙面漆主要起装饰和保护作用，使墙面更加美观、整洁，也可以起到保护建筑墙面、延长使用寿命的作用。

1. 墙面漆的种类

墙面漆的种类很多,而且可以根据不同的标准划分为不同的种类,目前主流的区分标准是根据使用区域、基材种类、装饰效果及使用功能四个维度来进行分类。四个维度的排列组合衍生出多种涂料品类,一般将基材和使用区域两类结合起来作为涂料命名,如溶剂型外墙涂料、水溶性内墙涂料、无机外墙涂料等。

2. 墙面漆的性能指标

墙面漆的评价指标有很多,主要有细度、附着力、遮盖力和黏度四大指标。

(1)细度。细度是指涂料内颗粒的大小和分散的均匀程度。细度大小直接影响涂膜表面的平整性、光泽和透水性等。一般来说,涂料越细,价格越高。

(2)附着力。附着力表示涂膜与基层的黏合力,涂膜与被涂面之间通过物理化学作用结合的坚牢程度,被涂面可以是裸底材,也可以是涂漆底材。附着力不强的容易脱落,影响墙面美观。

(3)遮盖力。遮盖力是指把色漆均匀涂布黑白格上,使其黑白格不再呈现的最小用漆量,用 g/m² 表示。最小用漆量越大,遮盖力越弱,遮盖力越强,表示单位面积的用漆量越少。

(4)黏度。黏度指涂料的黏稠度。黏度是涂料性能中的一个重要指标,涂料太稠就不容易涂刷,而太稀又容易流坠。

3. 墙面漆手动检测的四大方法

(1)一看:看水质溶液是否比较黏稠,颜色,有无硬块,搅拌状态是否均匀。

(2)二拉:拉丝试验,能挂丝长而不断均匀下坠的为好。

(3)三试:试手感,用手指摸,手感是否光滑、细腻。

(4)四闻:闻气味,涂料中是否有刺鼻的气味,有刺激性气味一般为非环保漆。

1.1.3 胶

墙面使用的胶水,一般只有在腻子里面使用,通用名称叫作胶粘剂,包括普通的建筑胶水(如 108 胶等)、白乳胶、无苯万能胶、玻璃胶、发泡胶。

1. 108 胶

108 胶是一种新型高分子合成建筑胶粘剂,外观为微白色透明胶体,施工和易性好、粘结强度高、防霉变、抗强碱、与其他水溶性胶的相容性好、经济实用,适用于室内墙、地砖的粘贴。108 胶又称聚乙烯醇缩甲醛胶,是以聚乙烯醇与甲醛在酸性介质中进行缩合反应而制得的一种高分子黏结溶液,属半透明或透明水溶液。

2. 白乳胶

白乳胶可常温固化、固化较快、粘结强度较高,黏结层具有较好的韧性和耐久性且不易老化,可广泛应用于黏结纸制品(墙纸),也可作为防水涂料和木材的胶粘剂。木质材料黏结。它是以水为分散剂,使用安全、无毒、不燃、清洗方便,常温固化,对木材、纸张和织物有很好的黏着力,胶接强度高,固化后的胶层无色、透明,韧性好,不污染被粘接物;乳液稳定性好,储存期可超过半年。

3. 无苯万能胶

无苯万能胶为半透明粘性液体,可粘合防火板、铝塑板及各种木质材料,是木工的必备工具。

4. 玻璃胶

玻璃胶是用来黏结橱柜台面与厨房墙面、固定台盆和坐便器等的胶水一些地方的填缝和固定也会用到它。有的消费者因为不懂玻璃胶的性能，往往随便选购，无论黏结什么材料，都使用同一种玻璃胶。其实，应根据不同的情况选用不同性能的玻璃胶。如果用错玻璃胶，会导致胶条断裂、发霉，甚至使窗户漏水、台面漏水等。市场上玻璃胶的品种很多，有酸性玻璃胶、硅酸中性结构胶、硅酮石材胶、中性防霉胶、浴室防霉专用胶等。消费者应该按照具体用途选购。

5. 发泡胶

发泡胶是一种将聚氨酯预聚物、发泡剂、催化剂等组分装填于耐压气雾罐中的特殊聚氨酯产品。当物料从气雾罐中喷出时，泡沫状的聚氨酯物料会迅速膨胀并与空气或接触到的基体中的水分发生固化反应形成泡沫。固化后的泡沫具有填缝、黏结、密封、隔热、吸声等多种效果，是一种环保、节能、使用方便的建筑材料，可适用于密封堵漏、填空补缝、固定黏结、保温隔声，尤其适用于塑钢或铝合金门窗和墙体间的密封堵漏及防水。另外，成品门套的安装也需要使用发泡胶。

知识拓展：
涂饰和裱糊

1.2　素质素养养成

（1）图中材料的展示效果有局限性，只能从视觉上进行初步判定。在识图过程中，学生一定要结合涂饰墙面材料的知识，综合分析材料的性能，认真识图，仔细比对，培养善于观察、分析问题的意识。

（2）涂饰墙面材料中有些材料是很容易出现污染源的，如胶类材料，大多含有甲醛，合格的墙面胶材的甲醛含量应符合安全标准，所以，大家需要选择符合国家环保标准的材料，培养"绿色、低碳、环保"意识。另外，墙纸、墙布等材料的种类繁多，大家在选择的时候，除应考虑功能性外，还要考虑舒适度，坚持"以人为本"的选材原则。

1.3　任务实施

1. 学生分组

学生分组表

班级		组号		授课教师	
组长		学号			
组员	姓名	学号		姓名	学号

2. 自主探学

任务工作单 1

组号：_____　　姓名：_____　　学号：_____　　检索号：　3317-1

引导问题：

(1)室内空间常见涂饰墙面材料有哪几大类别？每个类别下有哪些主要材料？

_____

_____

_____

_____

_____

_____

(2)简要说明室内空间中不同涂饰墙面材料的特点。

_____

_____

_____

_____

_____

_____

_____

任务工作单 2

组号：_____　　姓名：_____　　学号：_____　　检索号：　3317-2

引导问题：

认真识别图 3-38～图 3-41 所示的室内效果图，分析并写出这 4 个空间中墙面使用的材料名称及其所属类别(表 3-10)。

图 3-38　某客厅效果图

图 3-39　某卧室效果图

图 3-40 某卫生间效果图   图 3-41 某书房效果图

表 3-10 墙面使用材料名称及类别

序号	图	材料名称	所属类别
1			
2			
3			
4			

3. 合作研学

任务工作单

组号：＿＿＿＿＿　姓名：＿＿＿＿＿　学号：＿＿＿＿＿　检索号：<u>3318-1</u>

引导问题：

小组讨论任务工作单 3317-1、3317-2 的答案，教师参考，然后检讨自己的不足之处。

_____

_____

_____

_____

_____

4. 展示赏学

任务工作单

组号：_____ 姓名：_____ 学号：_____ 检索号：__3319-1__

引导问题：

每组推荐一个小组长，根据任务工作单 3317-1、3317-2 的内容汇报全组情况。组中的其他成员根据汇报情况再次检讨自己的不足之处。

_____

_____

_____

_____

_____

_____

1.4 评价反馈

任务工作单 1

组号：_____ 姓名：_____ 学号：_____ 检索号：__33110-1__

自我评价表

班级		组名		日期	年 月 日
评价指标	评价内容			分数	分数评定
信息收集能力	能否有效利用网络、图书资源、市场资源查找有用的相关信息；能否将查到的信息有效地融入学习过程			10 分	
感知课堂生活	能否在学习中获得满足感及课堂生活的认同感			10 分	
参与态度、沟通能力	能否积极、主动地与教师、同学交流，相互尊重、理解、平等；与教师、同学之间能否保持多向、丰富、适宜的信息交流			15 分	
	能否处理好合作学习和独立思考的关系，做到有效学习；能否提出有意义的问题或能发表个人见解			10 分	
知识、能力获得	(1)能否识别室内空间常见涂饰墙面材料			10 分	
	(2)能否独立编制室内空间常见涂饰墙面材料分析报告			10 分	
辩证思维能力	能否发现问题、提出问题、分析问题、解决问题			10 分	
自我反思	按时保质地完成任务；较好地掌握了知识点；具有较为全面、严谨的思考能力，并能条理清楚地表达出来			25 分	
自评分数					
总结提炼					

任务工作单 2

被评价人信息：组号：_____ 姓名：_____ 学号：_____ 检索号：33110-2

小组内互评验收表

验收人组长		组名		日期	年 月 日
组内验收成员					
任务要求	完成室内空间常见涂饰墙面材料的列举与特点描述；完成给定效果图空间墙面涂饰材料分析任务，在分析辨别任务完成过程中，应包含材料的具体名称及其所属类别				
文档验收清单	被评价人完成的 3317-1 任务工作单				
	被评价人完成的 3317-2 任务工作单				
	相配套的材料图片及检索资料				
验收评分	评分标准			分数	得分
	能列举室内空间常见涂饰墙面材料及其主要特点（列举材料名称 20 分，分析主要特点 25 分）			45 分	
	能正确分析出给定的效果图中涂饰墙面材料的类别与名称（分析类别每个空间 5 分，4 个空间共 20 分，列举名称共 35 分）			55 分	
	评价分数				
总体效果定性评价					

任务工作单 3

被评组号：_____ 检索号：33110-3

小组间互评表（听取各组组长汇报，其他同学打分）

班级		评价小组		日期	年 月 日
评价指标	评价内容			分数	分数评定
汇报表述	表述准确			15 分	
	语言流畅			10 分	
	准确反映该组完成任务情况			15 分	
内容正确度	表述的内容正确			30 分	
	阐述到位			30 分	
	互评分数				

组号：_____　　姓名：_____　　学号：_____　　检索号：33110-4

任务完成情况评价表

任务名称		涂饰墙面材料的应用		总得分		
评价依据		学生完成任务后任务工作单				
序号	任务内容及要求		配分	评分标准	教师评价	
					结论	得分
1	列举室内空间常见涂饰墙面材料及其主要特点	(1)列举材料名称	20分	缺一项扣5分		
		(2)分析主要特点	20分	酌情给分		
2	分析出给定的效果图中涂饰墙面材料的类别与名称(分析类别每个空间5分，4个空间共20分，列举名称共20分)	(1)分析材料类别	20分	缺一项扣5分		
		(2)列举具体材料名称	20分	酌情给分		
3	素质素养评价	(1)沟通交流能力	20分	酌情给分，但违反课堂纪律、不听从组长和教师安排的，不得分		
		(2)团队合作				
		(3)课堂纪律				
		(4)自主研学				
		(5)合作探学				
		(6)工作态度				
		(7)法律意识				
		(8)环保理念				

任务 2　造型墙面材料认知与应用

列举不同造型墙面材料及其主要特点，辨别所给效果图中出现的具体造型墙面材料及其所属类别。

知识目标

(1)掌握室内空间常见造型墙面材料的识别技巧；
(2)掌握室内空间常见造型墙面材料的应用方法。

能力目标

(1)具备识别室内空间常见造型墙面材料的能力；
(2)具备掌握独立编制室内空间常见造型墙面材料分析报告的能力。

素养目标

(1)培养善于观察、分析问题的意识；
(2)培养团队协作能力与全局意识。

重难点

重点
室内空间常见造型墙面材料的识别。
难点
室内空间常见造型墙面材料的应用。

2.1　相关知识链接

室内设计中常用的造型墙面材料可分为金属类造型墙面材料、木质人造板、软包、硬包、玻璃几大类。

2.1.1　金属类造型墙面材料

室内造型墙面常用的金属材料主要有不锈钢、铜、铝。

1. 不锈钢

在建筑装饰装修工程中常用的钢材制品主要包括不锈钢及其制品、彩色涂层钢板、不锈钢包覆钢板、彩色不锈钢钢板、彩色压型板、不锈钢微孔吸声板、复合钢板浮雕艺术装饰板、镜面不锈钢钢板、钛金镜面板、搪瓷装饰板及轻钢龙骨等。

普通钢材的缺点是极易锈蚀，为使其在使用过程中具有良好的抗腐性，在钢材中添加铬元素等其他元素制成合金钢，即不锈钢。不锈钢中铬元素的含量越高，其抗腐蚀性越好。而添加的元素中还包括镍、锰、钛、硅等其他元素，还会影响不锈钢的强度、塑性、韧性及耐蚀性等。

2. 铜

铜材表面光滑，光泽中等，有良好的导电、传热性，经磨光效果处理后表面可达到镜面的亮度。铜材经铸造、机械加工成型，表面用镀镍、镀铬等工艺处理后，可具有抗腐蚀、色泽光亮、抗氧化性强的特点，因其经久耐用且集古朴和华丽于一身而成为高级装饰材料。铜可用于宾馆、酒店、别墅、会所等建筑装饰装修物的零部件和饰品的制作。

(1)黄铜。以铜锌为主的铜合金，耐蚀性好，有良好的铸造性，可铸造制成各种零部件、工艺品等。

(2)青铜。以铜、锡作为主的铜合金，强度好、耐腐蚀，可铸造制成各种建筑装饰装修的零部件、工艺品等。

(3)铜合金型材。铜合金经机械挤制或压制而形成不同横断面形状的型材，有空心型材和实心型材，具有与铝合金相似的优点，可用于门窗及外墙装饰等。

3. 铝

单层彩色铝板即铝合金单板。铝合金单板多用于各类公共建筑墙面、板面、隔断、顶棚等部位。铝合金单板是按一定尺寸、形状和结构形式进行加工，并对表面加以涂饰处理而成的一种高档装饰材料。其厚度有 2 mm、2.5 mm、3 mm，最大规格为 1 600 mm × 4 500 mm。

铝塑复合板简称铝塑板。铝塑板由 3 层组成，是表层和底层为 2~5 mm 厚高强度铝合金薄板，中间层为聚乙烯芯材(或其他材料的夹心层)，经高温、高压制成的新型装饰板，表面喷涂氟碳树脂或聚酯涂料。

2.1.2 木质人造板

1. 基层板

室内装饰装修工程已限制了木工板在基层中应用的部位，但它是传统装饰装修中应用广泛的基材。因此，初学者有必要了解木质基层的构成和装饰装修中的构造方法。

(1)细木工板。细木工板是以木条为芯板，在上下各覆以一层或几层单板胶合热压后制成的板材，又称大芯板或木工板。中间的芯材一般为拼接的木料，有手拼和机拼两种。用于细木工板的材质以白松木、柳木、桉木为好，杨木、杉木次之，桐木再次之。细木工板具有较强的硬度、强度，质轻、易加工、稳定性强，是适用于制作各种家具的基层材料，在室内装饰装修工程中可作为门、窗、墙面造型等室内木作工程的基层材料。

(2)胶合板。胶合板是用 3 层、5 层、7 层、9 层、13 层原木旋切成单板后胶合而成的，相邻层单板的纹理相互垂直，单板层数为奇数，一般为 3~13 层。

胶合板的分类繁多，按所用材种可分为柳桉胶合板、水曲柳胶合板、花樟树瘤胶合板、枫木雀眼胶合板、白橡胶合板、红橡胶合板、泰柚胶合板、枫木胶合板、白桦胶合板、红桦胶合板及桦木、杂木、椴木胶合板等；按单板层数可分为三合板、五合板、七合板、九合板等；按结构可分为胶合板、夹心胶合板、复合胶合板；按表面加工可分为砂光胶合板、刮光胶合板、贴面胶合板、预饰面胶合板；按形状可分为平面胶合板和成型胶合板；按用途可分为普通胶合板和特种胶合板。

2. 饰面板

(1)木饰面板。木饰面板是将较珍贵树种的木材加工成 0.1~1 mm 的微薄木切片，再将薄木片胶粘于基板上制成的板材。木饰面板的取材较为广泛，如水曲柳、花梨木、枫木、桃花芯、西南桦、沙比利等。木饰面板可分为 3 mm 厚木饰面板(又称切片板)和微薄木饰面板(又称成品饰面板)。

(2)木质复合板材。常见的木质复合板材有宝丽板、波音板、PVC 装饰板、蜂巢板、防火板、镁铝装饰板、纸面稻草板等。

2.1.3 软包、硬包

软包和硬包都是用来装潢室内墙面的一种装饰物，它们的区别：在面料和底板之间夹衬海绵的为软包；面料直接贴在底板上的则是硬包。简单来说，两者的区别就是填充材料的厚度。软包填充物比较柔软，更舒适；而硬包基本无填充物，比较硬。硬包的效果与贴壁纸的效果相同，优点是脏了可以拆下来洗干净。

1. 软包

室内墙表面用柔性材料，包装墙面装饰所使用的材料材质柔软、色彩柔和，能够使整体的装修空间柔化。软包具有阻燃、吸声、防潮、防油、防污、防静电及美化空间的作用。目前主要分为布艺软包和皮革软包两种。布艺软包，即海绵填充布艺后作为包装的软包，还有一种就是皮革海绵的软包称为皮革软包。布艺软包又分为软包和硬包，软包是内层填充的海绵然后外面用布包好，主要是为了防止孩子碰撞。

2. 硬包

硬包是指直接在基层木工板上做所需的造型板材，45°斜边，再用布艺或皮革装饰表面。

2.1.4 玻璃

玻璃是室内装饰装修中常见的材料之一。玻璃的组成主要有石英砂、纯碱、石灰石等无机氧化物，这些成分经过高温与某些辅助性原料熔融，成型后冷却而形成的固体即玻璃。玻璃的主要化学成分包括 SiO_2、Na_2O 和 CaO，属于无定型的均质材料。

1. 普通玻璃

普通玻璃是室内装饰装修中最基础的玻璃材料，安全玻璃和特种玻璃多以其为基础进行深度加工而成的。普通玻璃是普通无机类玻璃的总称，主要可分为普通平板玻璃和装饰平板玻璃两大类。

2. 安全玻璃

安全玻璃是具有特殊用途的一类玻璃，其在遭到破坏时不易破碎，或破碎时不易伤人，能起到一定的安全防护作用。安全玻璃包括钢化玻璃、夹层玻璃、夹丝玻璃等。

3. 特种玻璃

特种玻璃有中空玻璃、吸热玻璃、热反射玻璃、光致变色玻璃、电热玻璃、泡沫玻璃、热弯玻璃、异形玻璃、复合防火玻璃。

4. 特殊玻璃

特殊玻璃有防火玻璃和防爆玻璃两种。

(1)防火玻璃:是一种经过特殊工艺加工和处理,在规定的耐火试验中能够保持其完整性和隔热性的特种玻璃。防火玻璃的原片玻璃可选用浮法平面玻璃、钢化玻璃、复合防火玻璃,还可选用单片防火玻璃制造。防火玻璃的作用主要是控制火势的蔓延或隔烟,其防火的效果以耐火性能进行评价。防火玻璃主要有夹层复合防火玻璃、夹丝防火玻璃、特种防火玻璃、中空防火玻璃、高强度单层铯钾防火玻璃。

(2)防爆玻璃:是在玻璃里面夹了钢丝或特制的薄膜而制成的一种特殊玻璃。防爆玻璃具有高强度的安全性能,是同等普通浮法玻璃的20倍。一般的玻璃在遭到硬物猛力撞击时,一旦破碎就会变成细碎的颗粒,飞溅四周,危及人身安全。而防爆玻璃在遭到硬物猛力撞击时,只会产生裂纹,玻璃依然完好无缺,用手触摸也是光滑、平整,不会伤及任何人员。防爆玻璃除具有高强度的安全性能外,还可以防潮、防寒、防火、防紫外线。

5. 其他装饰装修玻璃制品

其他装饰装修玻璃制品主要有空心玻璃砖、玻璃马赛克、智能液晶调光膜。

(1)空心玻璃砖:是把两块经模压成型的玻璃周边密封成一个空心砖,中间充有干燥空气的一种玻璃制品。空心玻璃砖具有抗击、保温绝热、不结露、防水、不燃、耐磨、透光不透视、装饰效果好等优点。其加工过程中主要采用有色玻璃或在腔内侧涂饰透明着色材料,以增加装饰性。

(2)玻璃马赛克:也称玻璃锦砖,是一种小规格的彩色饰面玻璃,生产工艺一般采用熔融法和烧结法两种。其品种多样,有透明、半透明、不透明的,也有带金色、银色斑点或条纹的。它具有颜色绚丽、耐热、耐酸、耐碱等特性;不褪色,不受污染,历久常新;与水泥的黏结性好,便于施工。

(3)智能液晶调光膜:又称电控智能调光膜,由两层柔性透明导电薄膜(ITO膜)与一层聚合物分散液晶材料(PDLC)构成。通过外加电场的控制,可实现液晶调光膜无色透明与不透明(雾化)两种状态。智能液晶调光膜和两层玻璃结合在一起,成为液晶调光玻璃,在办公、卫浴隔断、橱窗广告、医疗机构、展览展示、公共教育等领域已广泛应用。

知识拓展:造型墙面材料

2.2 素质素养养成

(1)图中材料的展示效果有局限性,只能从视觉上去初步判定。在识图过程中,学生一定要结合造型墙面材料的知识,综合分析材料的性能,认真识图并仔细比对,培养善于观察、分析问题的能力。

（2）在分小组完成任务的过程中，团队成员需要分工明细、互相配合，培养团队协作能力。另外，在做好自己分工任务的同时，大家还要整体把握整体任务的需要，培养全局意识。

2.3　任务实施

1. 学生分组

学生分组表

班级		组号		授课教师	
组长		学号			
组员	姓名	学号		姓名	学号

2. 自主探学

任务工作单1

组号：_____　　姓名：_____　　学号：_____　　检索号：_3327-1_

引导问题：

(1)室内空间常见造型墙面材料有哪几个大的类别？每个类别下各有哪些主要材料？

_____

_____

_____

_____

(2)简要说明室内空间不同造型墙面材料的特点。

_____

_____

_____

_____

任务工作单 2

组号：_____ 姓名：_____ 学号：_____ 检索号：__3327-2__

引导问题：

认真识别图 3-42～图 3-45 所示的室内效果图，分析并写出这 4 个空间中墙面使用的材料名称及其所属类别（表 3-11）。

图 3-42 某办公空间效果图

图 3-43 某餐厅效果图

图 3-44 某展厅空间效果图

图 3-45 某客厅效果图

表 3-11 墙面使用的材料名称及类别

序号	图	材料名称	所属类别
1			
2			
3			
4			

3. 合作研学

任务工作单

组号：_____   姓名：_____   学号：_____   检索号： 3328-1

引导问题：

小组讨论任务工作单 3327-1、3327-2 的答案，教师参与，然后检讨自己的不足之处。

---

4. 展示赏学

任务工作单

组号：_____   姓名：_____   学号：_____   检索号： 3329-1

引导问题：

每组推荐一个小组长，根据任务工作单 3327-1、3327-2 的内容汇报全组情况。组中的其他成员根据汇报情况再次检讨自己的不足之处。

2.4 评价反馈

任务工作单 1

组号：_____   姓名：_____   学号：_____   检索号： 33210-1

自我评价表

班级		组名		日期	年 月 日
评价指标	评价内容			分数	分数评定
信息收集能力	能否有效利用网络、图书资源、市场资源查找有用的相关信息；能否将查到的信息有效地融入学习过程			10 分	
感知课堂生活	能否在学习中获得满足感及课堂生活的认同感			10 分	
参与态度、沟通能力	能否积极、主动地与教师、同学交流，相互尊重、理解、平等；与教师、同学之间能否保持多向、丰富、适宜的信息交流			15 分	
	能否处理好合作学习和独立思考的关系，做到有效学习；能否提出有意义的问题或能发表个人见解			10 分	
知识、能力获得	(1)能否识别室内空间常见造型墙面材料			10 分	
	(2)能否独立编制室内空间常见造型墙面材料分析报告			10 分	
辩证思维能力	能否发现问题、提出问题、分析问题、解决问题			10 分	
自我反思	按时保质地完成任务；较好地掌握了知识点；具有较为全面严谨的思考能力，并能条理清楚地表达出来			25 分	
自评分数					
总结提炼					

任务工作单 2

被评价人信息：组号：_____ 姓名：_____ 学号：_____ 检索号：__33210-2__

小组内互评验收表

验收人组长		组名		日期	年 月 日
组内验收成员					
任务要求	能列举室内空间常见造型墙面材料的种类与特点；完成给定效果图空间墙面造型材料分析任务，分析辨别任务完成过程中，应包含材料的具体名称及其所属类别				
文档验收清单	被评价人完成的 3327-1 任务工作单				
	被评价人完成的 3327-2 任务工作单				
	相配套的材料图片及检索资料				
验收评分	评分标准			分数	得分
	能列举常见造型墙面材料的种类及具体材料特点(4 大类材料，每个类别 12 分)			48 分	
	能正确分析出给定的效果图中造型墙面材料的类别及具体名称(4 个空间，每个空间 13 分)			52 分	
	评价分数				
总体效果定性评价					

任务工作单 3

被评组号：_____ 检索号：__33210-3__

小组间互评表(听取各组组长汇报，其他同学打分)

班级		评价小组		日期	年 月 日
评价指标	评价内容			分数	分数评定
汇报表述	表述准确			15 分	
	语言流畅			10 分	
	准确反映该组完成任务情况			15 分	
内容正确度	表述的内容正确			30 分	
	阐述到位			30 分	
	互评分数				

任务工作单 4

组号：_____   姓名：_____   学号：_____   检索号：__33210-4__

任务完成情况评价表

任务名称		造型墙面材料认知与应用		总得分	
评价依据		学生完成任务后任务工作单			

序号	任务内容及要求		配分	评分标准	教师评价	
					结论	得分
1	列举常见造型墙面材料的种类及其主要特点	(1)种类不漏项	20分	漏一项扣5分		
		(2)每个材料的名称及特点描述	20分	酌情给分		
2	完成给定的效果图中造型墙面材料的类别与具体名称列举	(1)4张图中都分别涉及哪些类别的材料	20分	酌情给分		
		(2)4张图中都分别涉及哪些具体的材料	20分	共4张图，每分析错一张扣5分		
3	素质素养评价	(1)沟通交流能力	20分	酌情给分，但违反课堂纪律、不听从组长和教师安排的，不得分		
		(2)团队合作				
		(3)课堂纪律				
		(4)自主研学				
		(5)合作探学				
		(6)工作态度				
		(7)法律意识				
		(8)环保理念				

模块4   建筑装饰材料综合应用

项目 1   住宅空间材料应用

任务 1   公寓式住宅卧室空间装饰材料应用

完成图 4-1 所示的卧室空间效果图的建筑装饰材料识别分析报告。

图 4-1   卧室效果图

(1)掌握公寓式住宅卧室空间常规建筑装饰材料的识别技巧;

(2)掌握公寓式住宅卧室空间建筑装饰材料的应用方法。

(1)能识别公寓式住宅卧室空间常用建筑装饰材料;

(2)具备独立编制公寓式住宅卧室空间常用建筑装饰材料分析报告的能力。

(1)培养独立思考、解决问题的意识；

(2)培养创新意识；

(3)培养绿色低碳环保意识，坚持"以人为本"的选材原则。

重点

公寓式住宅卧室空间常规建筑装饰材料的识别。

难点

公寓式住宅卧室空间建筑装饰材料的应用。

1.1 相关知识链接

建筑装饰材料是装饰工程不可缺少的原材料，是建筑装饰事业的物质基础。它直接关系到建筑装饰形式、建筑装饰装修工艺质量和建筑造价，影响国民经济的发展、城乡建设面貌的变化和人民居住条件的改善。而如何在建筑设计中正确选择与表达建筑材料是每个建筑设计者面临的重要课题。

1.1.1 公寓式住宅卧室空间常规建筑装饰材料选用

公寓式住宅卧室空间常规建筑装饰材料有墙面材料、顶面材料、地面材料。

1. 墙面材料

在装修过程中，墙面材料主要起到保护、装饰、美观效果。墙面就相当于人的脸面，它每天面对的是家里的主人，来访的客人，墙面的装修效果直接影响房子的整体效果，在选择材料时既要求环保，又要求美观，成本又不能太高，这里就讲述几种常用的墙面装饰材料——腻子和乳胶漆、墙纸、硅藻泥、艺术涂料、集成墙面等。

(1)腻子和乳胶漆。腻子和乳胶漆的结合是最传统的墙面装修材料，应用的历史比较悠久，经过多年的发展，这两种材料的环保性能、装饰性能、施工工艺都有较大的提升，用户可根据喜好选择自己喜欢的颜色，达到想要的装修效果。

(2)墙纸。墙纸也称为壁纸，是一种用于裱糊墙面的室内装修材料，广泛用于住宅、办公室、宾馆、酒店的室内装修等。墙纸的材质不局限于纸，也包含其他材料。因为墙纸具有色彩多样、图案丰富、豪华气派、安全环保、施工方便、价格适宜等多种其他室内装饰材料所无法比拟的特点，故在欧美、日本等发达国家和地区得到相当程度的普及。墙纸有很多类，如覆膜墙纸、涂布墙纸、压花墙纸等。通常用漂白化学木浆生产原纸，再经不同工序的加工处理，如涂布、印刷、压纹或表面覆塑，最后经裁切、包装后出厂，具有一定的强度、韧度，还有美观的外表和良好的防水性能。

2. 顶面材料

卧室在家庭中非常重要，是人们休息的地方，需要保持安静。为了使卧室更加方便休息，让家人的睡眠质量更好，一般在装修时选择石膏板作为吊顶材料。

石膏板是以建筑石膏为主要原料制成的一种材料。它是一种质量轻、强度较高、厚度较薄、加工方便及隔声绝热和防火等性能较好的建筑材料，是当前着重发展的新型轻质板材之一。石膏板广泛用于住宅、办公楼、商店、旅馆和工业厂房等各种建筑物的内隔墙、墙体覆面板(代替墙面抹灰层)、吊顶、吸声板、地面基层板和各种装饰板等。石膏板[分为普通纸面石膏板(常用)、纤维石膏板、石膏装饰板]以石膏为主要材料，加入纤维、胶粘剂、改性剂，经混炼压制、干燥而成，具有防火、隔声、隔热、轻质、高强、收缩率小等特点且稳定性好、不老化、防虫蛀，可用钉、锯、刨、粘等方法施工。

我国目前生产的石膏板主要有纸面石膏板、装饰石膏板、石膏空心条板、纤维石膏板、石膏吸声板、定位点石膏板等。

3. 地面材料

地面材料一般选用实木地板和复合地板，它们有各自的优劣。

(1)实木地板是木材经烘干、加工后形成的地面装饰材料。它具有花纹自然、脚感舒适、使用安全的特点，是卧室、客厅、书房等地面装修的理想材料。实木的装饰风格返璞归真，质感自然，在森林覆盖率下降，大力提倡环保的今天，实木地板更显珍贵。实木地板可分为AA级、A级、B级三个等级。其中AA级的质量最好。在选购实木地板时应注意检测木材的含水率，含水率高的地板，安装后必然要变形。在我国北方地区地板含水率为12%，南方地区地板含水率也应控制在14%以内。

(2)复合地板是近几年流行的一种地面材料。它是将原木粉碎后，填加胶、防腐剂、添加剂后，经热压机高温高压压制处理而成的，因此，它打破了原木的物理结构，克服了原木稳定性差的弱点。复合地板的强度高、规格统一、耐磨系数高、防腐、防蛀而且装饰效果好，解决了原木表面的疤节、虫眼、色差问题。地板要根据自己的实际情况选择。

1.1.2 公寓式住宅卧室空间新型建筑装饰材料选用

1. 墙面材料

(1)硅藻泥。硅藻泥是一种以硅藻土为主要原材料的内墙环保装饰壁材，具有消除甲醛、净化空气、调节湿度、释放负氧离子、防火阻燃、墙面自洁、杀菌除臭等功能。硅藻泥健康环保，不仅具有很好的装饰性，还具有功能性，是替代壁纸和乳胶漆的新一代室内装饰材料。其缺点是由于硅藻泥施工完成后，墙面是粗糙的，灰尘落在上面，不易于清扫。

(2)艺术涂料。艺术涂料对于装饰设计中的主要景观(门庭、玄关、电视背景墙、廊柱、吧台、吊顶)能产生极其高雅的效果，而其适中的价位又完全符合各阶层装饰装修的需求：宾馆、酒店、会所、俱乐部、歌舞厅、夜总会、度假村及高档豪华别墅、公寓和住宅的内墙装饰都可选用。艺术涂料不会起皮，不会开裂，能保持10年不变色(墙纸时间一长会发黄、褪色)，无缝连接，易于清理，可任意调配色彩，并且图案可以自行设计，光线下产生不同折光效果。艺术涂料可使墙面产生立体感，表达力强，可按照个人的思想自行设计表达。

(3)集成墙面。集成墙面是针对家装污染及工序烦琐等弊端提出集成化全屋装修解决方案。集成墙面一种材料采用铝锰合金、隔声发泡材料、铝箔三层压制而成；另一种材料是以竹木纤维为主材、高温状态挤压成型而成的。其表面除具有墙纸、涂料所有的彩色图案外，还有其最大的特色就是立体感很强，具有凹凸感的表面，是墙纸，涂料的换代产品。

2. 地面材料

(1)竹木地板。竹木地板是近几年才发展起来的一种新型地面装饰材料,它以天然优质竹子为原料,经过20多道工序,脱去竹子原浆汁,经高温、高压拼合,再经过3层油漆,最后由红外线烘干而制成。其优点包括外观自然清新,纹理细腻流畅,防潮、防湿、防腐蚀及柔韧性强、有弹性等。同时,其表面坚硬程度可以与木制地板中的常见材种(如樱桃木、榉木)等相媲美。另外,由于该地板芯采用了木材做原料,故其稳定性极佳,结实耐用,脚感好,格调协调,隔声性能好,而且冬暖夏凉,尤其适用于居家环境室内装修。从健康角度而言,竹木复合地板尤其适合城市中的老龄化人群及婴幼儿。

(2)软木地板。软木地板产品的原料是生长在地中海沿岸和我国秦岭地区的橡树皮,与实木地板比较更具环保性、隔声性,防潮效果也更好,带给人极佳的脚感。

3. 顶面材料

(1)硅酸钙板。硅酸钙板耐水性较好,但是施工不方便,切割困难,市面上除埃特尼特等少数板材不含石棉外其余小厂都含有石棉。另外,其价格较高,是石膏板的3倍以上。

(2)铝蜂窝穿孔吸声板吊顶。铝蜂窝穿孔吸声板吊顶的构造结构为穿孔面板与穿孔背板,依靠优质胶粘剂与铝蜂窝芯直接黏结成铝蜂窝夹层结构,蜂窝芯与面板及背板间贴上一层吸声布。

(3)夹板吊顶。夹板吊顶为现时装修常用。夹板(也称胶合板)是将原木经蒸煮软化后,沿年轮切成大张薄片,通过干燥、整理、涂胶、组坯、热压、锯边而成。夹板具有材质轻、强度高、良好的弹性和韧性、耐冲击和振动,易加工和涂饰,绝缘等优点。

1.1.3 公寓式住宅卧室空间建筑装饰材料的使用规范

1. 防火规范

我国于2017年修订了《建筑内部装修设计防火规范》(GB 50222—2017),其中规定的建筑内部装修设计在民用建筑中包括顶棚、墙面、地面、隔断的装修,以及固定的家具、窗帘、帷幕、床罩、固定饰物等。

装修材料的分类和分级如下:

(1)装修材料按其使用部位和功能,可划分为顶棚装修材料、墙面装修材料、地面装修材料、隔墙装修材料、固定家具、装饰织物(指窗帘、帷幕、床罩家具包布等)、其他装饰材料(指楼梯扶手、挂镜线、踢脚板、窗帘盒、暖气罩等)7类。

(2)装修材料按燃烧性能可划分为4个等级,并应符合相关规定。

2. 环保规范

甲醛是大众认识的有害气体,婴幼儿因住进新居后不久就患上白血病的新闻屡见不鲜,就算是成年人也容易因室内甲醛气体超标而导致免疫力下降,继而患上系统性疾病。在现实生活中,并不能了解空气中的甲醛浓度是否超出甲醛标准范围。

如处于室内空间之内,数小时内就感觉到头晕胸闷,眼睛、鼻子、喉咙等与空气接触的黏膜器官有刺激感或不适,则证明空气中的甲醛已经超标,人们需要警惕该气体对室内常住人员健康的危害。

民用建筑工程室内用人造木板及饰面人造木板,必须测定游离甲醛含量或游离甲醛释放量。甲醛为$0.10\sim0.08$ mg/m³,如果是住宅,要求甲醛为0.08 mg/m³,如果是公共室内环境,则要求甲醛为0.10 mg/m³。这个甲醛范围是指室内每立方米的空间内甲醛的浓度标准，如果超出这个标准范围，则会对人体造成危害。

3. 噪声规范

请扫描下方二维码，熟悉《民用建筑隔声设计规范》(GB 50118—2010)的相关规定。

1.2 素质素养养成

(1)图中材料的展示效果有局限，只能从视觉上初步判定，在识图过程中，学生一定要结合所学材料知识，综合分析材料的适用性，认真识图，仔细比对，养成严谨的工作态度。

(2)学生在生活中要善于发现问题并敢于提出，还要善于大胆假设，要敢想、会想，不要被思维固化，勇于跳出思维的局限，创新便会很简单。另外，学生在具有创新意识的同时，还要培养科学思维，面对同一问题，要善于运用发散的思维，用不同的角度去思考问题，扩大自己的认知地图，才能不断创新。

(3)建筑装饰材料市场鱼龙混杂，材料品质参差不齐，不乏以次充好的现象。有些劣质材料中，含有对人体有害的物质，如甲醛、苯等化学成分，而学生在置换材料的过程中需要选择符合国家环保标准的材料。

1.3 任务实施

1. 学生分组

学生分组表

班级		组号		授课教师	
组长		学号			
组员	姓名	学号	姓名	学号	

2. 自主探学

组号：_____　　姓名：_____　　学号：_____　　检索号：__4117-1__

引导问题：

认真识别卧室效果图，梳理并写出该空间各界面使用的建筑装饰材料名称及其类别（表 4-1）。

表 4-1　空间各界面使用的建筑装饰材料名称及类别

序号	界面	风格分析	名称	种类
1	墙面			
2	顶面			
3	地面			

组号：_____   姓名：_____   学号：_____   检索号：__4117-2__

引导问题：

根据任务工作单 4117-1 呈现出的结果认真分析其材料性能，选择匹配适用风格的装饰材料置换（表 4-2）。

表 4-2　材料性能及适用风格和置换材料

序号	界面	名称	性能	适用风格	置换材料
1	墙面				
2	顶面				
3	地面				

3. 合作研学

组号：_____   姓名：_____   学号：_____   检索号：__4118-1__

引导问题：

小组讨论任务工作单 4117-1、4117-2 的最优答案，教师参与，然后检讨自己的不足之处。

_____

_____

_____

_____

131

4. 展示赏学

任务工作单

组号：_____　　姓名：_____　　学号：_____　　检索号：<u>4119-1</u>

引导问题：

每组推荐一个小组长，根据任务工作单4117-1、4117-2的内容汇报全组情况。组中的其他成员根据汇报情况再次检讨自己的不足之处。

_____

_____

_____

_____

1.4　评价反馈

任务工作单 1

组号：_____　　姓名：_____　　学号：_____　　检索号：<u>41110-1</u>

自我评价表

班级		组名		日期	年　月　日
评价指标	评价内容			分数	分数评定
信息收集能力	能否有效利用网络、图书资源、市场资源查找有用的相关信息；能否将查到的信息有效地融入学习过程			10分	
感知课堂生活	能否在学习中获得满足感及课堂生活的认同感			10分	
参与态度、沟通能力	能否积极、主动地与教师、同学交流，相互尊重、理解、平等；与教师、同学之间能保持多向、丰富、适宜的信息交流			15分	
	能否处理好合作学习和独立思考的关系，做到有效学习；能否提出有意义的问题或能发表个人见解			10分	
知识、能力获得	(1)能否正确识别公寓式住宅卧室空间效果图中墙、顶、地的装饰材料			5分	
	(2)能否正确梳理所示公寓式住宅卧室空间装饰材料的名称及类别			5分	
	(3)能否正确分析出装饰材料的性能并出具建筑装饰材料分析报告			5分	
	(4)能否完成给定的效果图材料置换任务			5分	
辩证思维能力	能否发现问题、提出问题、分析问题、解决问题、创新问题			10分	
自我反思	按时保质地完成任务；较好地掌握了知识点；具有较为全面严谨的思考能力，并能条理清楚地表达出来			25分	
自评分数					
总结提炼					

任务工作单 2

被评价人信息：组号：_____ 姓名：_____ 学号：_____ 检索号：_41110-2_

小组内互评验收表

验收人组长		组名		日期	年 月 日
组内验收成员					
任务要求	完成公寓式住宅卧室空间常规建筑装饰材料的识别与分类；完成给定效果图材料分析任务；完成给定的效果图材料置换必备的前期分析结果；任务完成过程中，包含10种以上替换材料的相关介绍（包括名称、产地、性能、品牌、参考价格）				
文档验收清单	被评价人完成的 4117-1 任务工作单				
	被评价人完成的 4117-2 任务工作单				
	相配套的材料图片及检索资料				

验收评分	评分标准			分数	得分
	能正确识别效果图中公寓式住宅卧室空间常规建筑装饰材料，至少10处，缺一处扣1分			10分	
	完成并描述给定效果图建筑装饰材料分析任务，共3处界面，缺一处扣10分			30分	
	完成给定的效果图材料置换必备的分析报告，共3处界面，缺一处扣10分			30分	
	完成给定的效果图材料置换方案，至少10处，缺一处扣1分			10分	
	相配套的材料图片及检索资料，共4份，缺一份扣5分			20分	
评价分数					
总体效果定性评价					

任务工作单 3

被评组号：_____ 检索号：_41110-3_

小组间互评表（听取各组组长汇报，其他同学打分）

班级		评价小组		日期	年 月 日
评价指标	评价内容			分数	分数评定
汇报表述	表述准确			15分	
	语言流畅			10分	
	准确反映该组完成任务情况			15分	
内容正确度	表述的内容正确			30分	
	阐述到位			30分	
互评分数					

任务工作单 4

组号：_____　　姓名：_____　　学号：_____　　检索号：　41110-4

任务完成情况评价表

任务名称	公寓式住宅卧室空间装饰材料应用		总得分			
评价依据	学生完成任务后任务工作单					
序号	任务内容及要求		配分	评分标准	教师评价	
					结论	得分
1	能正确识别公寓式住宅卧室空间常规建筑装饰材料	(1)描述正确	5分	缺一个要点扣1分		
		(2)语言表达流畅	5分	酌情给分		
2	完成给定公寓式住宅卧室空间效果图建筑装饰材料的梳理与分类	(1)材料的名称	10分	缺一个要点扣1分		
		(2)材料的分类	10分	共5类，缺一类扣2分		
3	制作并汇报给定的效果图材料分析报告	(1)涉及哪几种材料	10分	缺一个要点扣1分		
		(2)每一种材料的性能	20分	缺一个要点扣2分		
4	相配套的材料图片及检索资料	(1)数量	10分	共4份，每少一份扣2.5分		
		(2)参考的主要内容要点	10分	酌情给分		
5	素质素养评价	(1)沟通交流能力	20分	酌情给分，但违反课堂纪律、不听从组长和教师安排的，不得分		
		(2)团队合作				
		(3)课堂纪律				
		(4)自主研学				
		(5)合作探学				
		(6)工作态度				
		(7)创新意识				
		(8)环保理念				

任务 2　别墅空间建筑材料综合应用

完成图 4-2 所示的别墅起居室空间效果图的建筑装饰材料识别分析报告。

图 4-2　别墅起居室空间效果图

(1)掌握别墅起居室空间常规建筑装饰材料的识别技巧;

(2)掌握别墅起居室空间建筑装饰材料的应用方法。

(1)能够识别别墅起居室空间常用建筑装饰材料;

(2)具备独立编制别墅起居室空间常用建筑装饰材料分析报告的能力。

(1)培养创意思维及审美水平;

(2)培养解决问题的能力;

(3)培养成本、效益与质量意识。

重点

别墅起居室空间常规建筑装饰材料的识别。

难点

别墅起居室空间建筑装饰材料的应用。

2.1 相关知识链接

随着现代经济的发展，人们的生活水平得到了进一步提高，别墅市场日益增长，人们对于别墅的要求也越来越高，别墅的规划设计也在向人性化靠拢，别墅的室内外空间同样也被更多的设计者关注，作为一个设计者，在多方面的设计要求中要将室外空间设计的理念融入设计，而不只是一种想法，设计需要更细致的研究，从最基本的问题——人的需求出发，创造更加人性化的居住环境。现代别墅室内设计在形式上以浪漫主义为基础，也很注重根据建筑物的使用性质、所处环境和相应标准，运用物质技术手段和建筑美学原理，创造功能合理、舒适优美、满足人们物质和精神生活需要的室内环境。

2.1.1 别墅空间功能区规划设计

别墅空间功能规划设计，可以使功能区应用合理，提高空间使用率，提高生活质量。别墅家居功能应用齐全，除满足日常使用要求与需求外，还能利用多余的空间发展业余爱好，使别墅空间得到更加充分的利用，提升别墅的价值。关于别墅住宅设计空间功能应满足规范设计要求。

（1）玄关。玄关是人们进出必经的空间，玄关设计收纳区，将出门准备的一些东西放置玄关处，非常方便，也不占用空间。别墅收纳空间满足基本使用要求，并且也要美观大气，更符合别墅的气质，如变换不同的收纳区，不同高度的架子，独特大气的视觉体验。

（2）客厅。客厅是最常用的空间，用于日常活动、待人接客等，良好采光、通风与景色设计，给人身心愉悦轻松感。如果别墅住宅设计客厅空间大，可将主客空间分离，以方便与客人的交流。客厅空间宽敞，实现视觉的延伸效果，客厅配合观景落地窗，也可改善空间的采光状况。

（3）卧室。卧室是一个私密的空间，卧室门口不能与楼梯口相对。卧室休息环境要好，应尽可能避免外界因素的干扰。卧室光线柔和，既不显得太刺眼，又能享受温暖明媚的阳光。如果卧室光线充分时，应安装遮阳、遮光效果好的窗帘。

（4）书房。书房中的书桌前要有一定的空间，面临的明堂要大；书桌不能摆放在房间正中位，而且书桌不宜背门。这是书桌放置的基本原则。书桌不能面窗，否则会产生"望空"，形成不良作用。除此之外，座椅不要被横梁压顶。别墅的书房中如果只有书桌、书柜、座椅，则显得过于单调，往往要添加一些装饰品作为点缀。装饰品可摆放在书橱之中，也可在房间角落摆放一个花瓶，还可将一盆绿色盆栽在书橱旁边或窗台前，因为有序摆放才能起到协调书房的作用。

（5）厨房。厨房与客厅互动率高，很多业主也会考虑设计开放厨房。如果家里有老人或儿童时，一般不适合设计开放厨房，不利于安全使用，注意干湿区分离。厨房使用率高及使用水的地方，地面材料应注意防滑，墙面材料易清洁等。

（6）卫生间。常见的卫生间隔断板材料有人造隔断板材料。这种隔断板材料主要由酚醛树脂制成，是一种防潮、耐污损的隔断板材料，这种隔断板采用的成型的整体板无须收边，整体看起来美观大方，人造隔断板材料初期成本高，但是很耐用，易清理也易保养，适用于潮湿或干燥的环境。

对别墅空间功能应用进行规范设计，每个功能应用都应合理划分，并且充分利用室内空间。别墅住宅设计空间功能设计应规范化，专业设计师的设计方案更有保障，并且根据别墅结构、面积及空间利用情况，并对别墅整体的规划布局，同时，满足日常生活功能应用，再根据传统家居知识设计，以利于家庭关系和谐。

2.1.2 别墅软装设计的主要对象

（1）家具包括支撑类家具、储藏类家具、装饰类家具，如沙发、茶几、床、餐桌、餐椅、书柜、衣柜、电视柜等。

（2）灯饰包括吊灯、立灯、台灯、壁灯、射灯。灯饰不仅起着照明的作用，同时，还兼顾着渲染环境气氛和提升室内情调。

（3）布艺织物包括窗帘、床上用品、地毯、桌布、桌旗、靠垫等。布艺工艺品是目前应用在家居装饰中最常见的饰品之一，具有柔化空间、格调随心的特点。好的布艺设计不仅能提高室内的档次，使室内更趋于温暖，更能体现一个人的生活品位。

（4）饰品，一般分为摆件和挂件，包括工艺品摆件、陶瓷摆件、铜制摆件、挂画、插画、照片墙、相框、漆画、壁画、装饰画、油画等。彩绘玻璃是一种应用广泛的高档玻璃品种。它是用特殊颜料直接着墨于玻璃上，或者在玻璃上喷雕成各种图案再加上色彩制成的，可逼真地对原画复制，而且画膜附着力强，耐候性好，可擦洗。根据室内彩度的需要，选用彩绘玻璃，可将绘画、色彩、灯光融于一体。铁艺工艺品向来以流畅的线条、完美的质感为主要特征。由于铁艺制品的风格和造型可以随意定制，所以适用于绝大多数装修风格的家居装饰。

（5）花艺及绿化造景包括装饰花艺、鲜花、干花、花盆、艺术插花、绿化植物、盆景园艺、水景等。这是近年来运用最多的一种装饰方式，绿色植物能净化空气、带来生机，点缀室内。室内植物一定要注意选择常绿、对阳光需求偏小、能符合房屋装修风格。

知识拓展：住宅设计规范及别墅设计的五个要素

2.2 素质素养养成

（1）创意思维是一种抽象的表达，学生在认识材料的过程中，一定要通过自己已经掌握的知识或经验，进行综合分析、对比参照、再加上自己合理的想象而形成新的构思。

（2）学生在设计过程中要多问自己"为什么"，要发现问题，探索问题，解决问题，不要过于关注设计结果，而应关注解决问题本身。

（3）学生在选择材料的时候，要利用自己已经掌握的专业知识，识别材料伪劣真假，了解性能、价格，把握数量、工艺、性价比，只有这样，才能有效地控制成本。

2.3 任务实施

1. 学生分组

学生分组表

班级		组号		授课教师	
组长		学号			
组员	姓名	学号		姓名	学号

2. 自主探学

任务工作单 1

组号：_____   姓名：_____   学号：_____   检索号：__4127-1__

引导问题：

认真分析别墅起居室效果图，梳理并写出该空间各界面使用的建筑装饰材料名称及其类别(表 4-3)。

表 4-3　建筑装饰材料名称及类别

序号	界面	名称	类别
1	墙面		
2	顶面		
3	地面		

任务工作单 2

组号：_____ 姓名：_____ 学号：_____ 检索号：__4127-2__

引导问题：

根据任务工作单 4127-1 呈现出的结果认真分析其材料性能，选择匹配适用风格的装饰材料置换（表 4-4）。

表 4-4 建筑材料性能及匹配风格

序号	界面	名称	性能	适用风格 1	适用风格 2	适用风格 3	置换材料 1	置换材料 2	置换材料 3
1	墙面								
2	顶面								
3	地面								

3. 合作研学

任务工作单

组号：_____ 姓名：_____ 学号：_____ 检索号：__4128-1__

引导问题：

小组讨论任务工作单 4127-1、4127-2 的最优答案，教师参与，然后检讨自己的不足之处。

_____

_____

_____

_____

_____

_____

4. 展示赏学

任务工作单

组号：_____ 姓名：_____ 学号：_____ 检索号：<u>4129-1</u>

引导问题：

每组推荐一个小组长，根据任务工作单 4127-1、4127-2 的内容汇报全组情况。组中的其他成员根据汇报情况再次检讨自己的不足之处。

_____

_____

_____

_____

_____

2.4 评价反馈

任务工作单 1

组号：_____ 姓名：_____ 学号：_____ 检索号：<u>41210-1</u>

自我评价表

班级			日期	年 月 日
评价指标	评价内容		分数	分数评定
信息收集能力	能否有效利用网络、图书资源、市场资源查找有用的相关信息；能否将查到的信息有效地融入学习过程		10 分	
感知课堂生活	能否在学习中获得满足感及课堂生活的认同感		10 分	
参与态度、沟通能力	能否积极、主动地与教师、同学交流，相互尊重、理解、平等；与教师、同学之间能否保持多向、丰富、适宜的信息交流		15 分	
	能否处理好合作学习和独立思考的关系，做到有效学习；能否提出有意义的问题或能发表个人见解		10 分	
知识、能力获得	能否正确识别别墅起居室空间效果图中墙、顶、地的建筑装饰材料的名称及类别		10 分	
	能否正确分析出装饰材料的性能并出具建筑装饰材料置换分析报告		10 分	
辩证思维能力	能否发现问题、提出问题、分析问题、解决问题、创新问题		10 分	
自我反思	按时保质地完成任务；较好地掌握了知识点；具有较为全面严谨的思考能力，并能条理清楚地表达出来		25 分	
自评分数				
总结提炼				

被评价人信息：组号：_____ 姓名：_____ 学号：_____ 检索号：__41210-2__

小组内互评验收表

验收人组长		组名		日期	年 月 日
组内验收成员					
任务要求	完成别墅起居室空间常规建筑装饰材料的识别与分类；完成给定效果图材料置换分析任务；在任务完成过程中，至少包含 10 种以上替换材料的相关介绍(包括名称、产地、性能、品牌、参考价格)				
文档验收清单	被评价人完成的 4127-1 任务工作单				
	被评价人完成的 4127-2 任务工作单				
	相配套的材料图片及检索资料				
验收评分	评分标准			分数	得分
	能正确识别效果图中别墅起居室空间常规建筑装饰材料的名称及分类，至少 10 处，缺一处扣 4 分			40 分	
	完成给定的效果图材料置换方案，至少 10 处，缺一处扣 4 分			40 分	
	相配套的材料图片及检索资料，共 4 份，缺一份扣 5 分			20 分	
	评价分数				
总体效果定性评价					

任务工作单 3

被评组号：_____ 检索号：__41210-3__

小组间互评表(听取各组组长汇报，其他同学打分)

班级		评价小组		日期	年 月 日
评价指标	评价内容			分数	分数评定
汇报表述	表述准确			15 分	
	语言流畅			10 分	
	准确反映该组完成任务情况			15 分	
内容正确度	表述的内容正确			30 分	
	阐述到位			30 分	
	互评分数				

任务工作单 4

组号：_____ 姓名：_____ 学号：_____ 检索号：__41210-4__

任务完成情况评价表

任务名称	别墅起居室空间建筑装饰材料应用		总得分			
评价依据	学生完成任务后任务工作单					
序号	任务内容及要求		配分	评分标准	教师评价	
					结论	得分
1	完成给定别墅起居室空间效果图建筑装饰材料的名称与分类	(1)描述正确	5分	缺一个要点扣1分		
		(2)语言表达流畅	5分	酌情赋分		
		(3)材料的名称	10分	缺一个扣1分		
		(4)材料的分类	10分	共5类，缺一类扣2分		
2	制作并汇报给定的效果图材料置换分析报告	(1)涉及哪几种材料	10分	缺一个要点扣1分		
		(2)每一种材料的性能	20分	缺一个要点扣2分		
3	相配套的材料图片及检索资料	(1)数量	10分	共4份，每少一份扣2.5分		
		(2)参考的主要内容要点	10分	酌情给分		
4	素质素养评价	(1)沟通交流能力	20分	酌情给分，但违反课堂纪律、不听从组长和教师安排的，不得分		
		(2)团队合作				
		(3)课堂纪律				
		(4)自主研学				
		(5)合作探学				
		(6)创意思维				
		(7)解决问题				
		(8)成本意识				

任务 1　餐饮空间材料综合应用

任务描述

完成图 4-3 所示的咖啡厅效果图的建筑装饰材料识别分析报告。

图 4-3　咖啡厅大厅效果图

知识目标

(1)掌握餐饮空间常规建筑装饰材料的识别技巧;

(2)掌握餐饮空间建筑装饰材料的应用方法。

能力目标

(1)能够识别餐饮空间常用建筑装饰材料;

(2)具备独立编制餐饮空间常用建筑装饰材料分析报告的能力。

素养目标

(1)培养分析问题的能力;

(2)培养美学鉴赏能力;

(3)培养环保意识。

> **重点**
> 餐饮空间常规建筑装饰材料的识别。
> **难点**
> 餐饮空间建筑装饰材料的应用。

1.1 相关知识链接

1.1.1 咖啡厅中的常规建筑装饰材料

建筑装饰材料的发展紧跟科技的发展，这里所指的常规建筑装饰材料是人们熟知的广义上的建筑装饰材料，市场上常见的建筑装饰材料，较为基础的空间装饰材料。常见于休闲咖啡厅中的材料有很多，按其材质可分为木材、玻璃、陶瓷、金属、石材等，每种不同的材料都展示着其不同的"语言"魅力。

建筑装饰材料是咖啡厅室内设计中的重要元素之一，通过不同形式材料的选择可以打造不同风格的咖啡厅，同时也可以结合建筑装饰材料和照明来衬托咖啡厅的气氛。随着工业技术的快速发展，目前建材市场上出现了很多风格迥异的建筑装饰材料，并为室内装饰提供了有力的发展契机。咖啡厅室内的整体性舒适性和功能性都离不开装饰材料的运用，通过选择不同质地规格及颜色的材料来装饰室内空间，不仅可以给空间赋予生命力和情感，还可以在满足人们使用功能的基础上给予视觉上的享受。

1. 粗糙和光滑

质地粗糙的建筑装饰材料通常有石材、木材、磨砂玻璃及织物等；而质地光滑的建筑装饰材料有玻璃、金属、丝绸及陶瓷等。粗糙材料的质感和光滑材料的质感有着很大的区别。它们所打造的风格是迥异的，同时，粗糙材料中不同类型的纹理也会呈现不同的质感效果，例如，粗糙的地面和粗糙的磨砂玻璃的对比首先给人的视觉效果就有极大的冲击力，虽然同属于粗糙质地，但是呈现一软一硬、一轻一重的质感。在咖啡厅设计中，室外装饰可以适当选用粗糙的材料，室内应该采用较为细腻、光滑、柔软的装饰材料，但是为了营造艺术环境，并从整体环境中突出局部区域，咖啡厅室内环境也可以小面积地采用粗糙材料，如素混凝土及砖墙。

2. 冷与暖

建筑装饰材料的冷暖不仅体现在视觉效果上，还体现在触觉效果上。在日常生活中，装饰材料多采用金属、玻璃和大理石等，但是这类材料给人从视觉和触觉上都是冷冰冰的感觉，从而给室内环境营造出冷淡平静的氛围。而木材作为一种具备冷暖、软硬适宜特点的优质材料，被广泛应用在咖啡厅的室内装饰中，尤其是艺术墙面或桌椅等装饰木材比织物要硬，比大理石要软，比金属要暖；同时，还易于取材加工。因此，无论是咖啡厅装饰，还是家居装饰，都经常选取木材作为主要装饰材料。其实，材料的色彩才是体现室内环境冷暖的主要因素，若为了营造整体效果、突出局部特色，可以选用质地较冷的材质，若为了调节冷暖度，则可以选用暖色调材质，如对于瓷砖，可以选用马克瓷砖，因为其图案丰富、色彩鲜艳。

3. 透明度与光泽

建筑装饰材料根据透明度可分为透明材料、半透明材料和不透明材料。最常见的透明材料就是玻璃半透明材料如磨砂玻璃，不透明材料有丝绸。在咖啡厅空间的打造上，选用透明材料可以在一定程度上拓展空间的层次感，透明材料使空间呈现敞开状态，而不透明材料使空间呈现封闭的状态。因此，材料的透明度要根据咖啡厅的性质和风格来选择，例如，星巴克、上岛咖啡等风格的咖啡厅都会采用透明材料进行装饰，从而打造开阔的空间视野能够让人与室外融合在一起；带有酒吧及舞厅等功能的咖啡厅则会采用半透明或不透明的材料进行装饰，这样不仅可以形成封闭的空间还可以营造幽暗、静谧的氛围。另外，材料的光泽对于室内空间层次也可以起到一定的视觉调控作用，例如，抛光金属和镜面等材料的色泽非常光亮。不仅可以通过物理反射来增强室内的光亮程度，还可以拓宽室内空间的深度。同样材料的色泽也要根据咖啡厅的性质来进行选择，一般较为个性化的咖啡厅较少采用色泽强的材料，这样会与它们独特的幽暗风格有着极大的冲突。

4. 软与硬

纤维织物虽然属于粗糙质地的装饰材料，但是其触感非常柔软，在咖啡厅的特定区域会采用毛毡进行地面装饰，但是面积不宜过大，毕竟毛毡不耐脏还不便于清洗。若平时不注重清理，整个咖啡厅就会成为一个病毒库。而棉麻虽然粗糙也相当柔软，同时还非常耐用，通常咖啡厅会选择轻盈的棉麻质地材料做窗帘。从人的心理角度上来看，人们不喜欢坚硬、冰冷的事物，因此，咖啡厅也不会选择重型、坚硬的纤维织物作为装饰材料。同时，软质地的装饰材料还有软木、抹灰及榻榻米等建筑装饰材料。

1.1.2 咖啡厅中的非常规建筑装饰材料

咖啡厅中常见的非常规建筑装饰材料大致分为两大类，一类是生活用品类，可以通过适当改造应用在室内，如旧报纸、海报、牛皮纸等其他纸质用品，可作为顶面、墙面材料等，相比壁纸，其质感更真实，更能体现咖啡厅的主题感；毛线、麻绳，这些材料质感柔软、朴质，给人陈旧和斑驳的感觉，根据粗细不同，可以巧妙地运用于顶面、墙面、隔断等其他部位的装饰，其优点在于成本低且不失整体朴素的空间品质；玻璃制品，如灯泡、弹珠，因其反光的特性，通过不同排列组合，可以被用作墙面装饰，制造出新的效果。另一类就是原生态的材料，大致包括自然界的动植物等，其表现力强，本身就富有自然的特性，呈现返璞归真的视觉形象，取材方便、不需过多加工，环保可再生。如植物墙或干树枝。北欧风格的咖啡厅常用木头整体或其截面造景，或者用在墙面造型、隔断上；椰子壳，质地硬，表面纹理丰富，具有自然气息，将其切割成小块固定于背衬上，坚固且装饰性强，可用于室内各功能区。此外，咖啡厅还有很多常见的物品，如玻璃杯、竹席等，在 Loft 风格的咖啡厅空间中，还会出现烟囱、铁链等工业用具。

这些非常规建筑装饰材料的装饰性主要表现：首先其具有常规建筑装饰材料所没有的亲切感，更加贴近生活，拉近人与空间的距离，引起人心理上的情感共鸣，如植物墙，增加了咖啡厅室内的亲和力；其次，该类型的材料富有趣味性，能够使单调乏味的空间富有生机，环境氛围显得更加轻松活泼；再次，打破常规思维的建筑装饰材料运用可以使咖啡厅室内更具视觉冲击力，给人留下深刻印象；最后，其节能环保的特性也是一大亮点，常常可以被循环利用，不污染环境。对于创新能力较强的设计师而言，没有什么材料不能用作室内装饰，生活中平淡无奇的物品，甚至是垃圾，通过设计师赋予的"二次生命"，都可以闪耀不同的光彩。

知识拓展：植物墙及自动灌溉系统

1.2 素质素养养成

(1)学生在设计过程中要多问自己"为什么"，要发现问题，探索问题，解决问题，不要专注于设计结果，而专注于解决问题本身。

(2)学生要大量观察，鉴赏感受，形式多样不断感受美，加深对美的理解，保持敏感，不断提升自己的眼力。多欣赏一些艺术的门类，如文学、绘画、舞蹈、音乐、建筑、雕塑、戏剧等。形式可以多种多样，如一些优质的杂志、网站、画展、摄影展等。

(3)建筑装饰材料中大部分无机材料是安全和无害的，如龙骨及配件、普通型材、地砖、玻璃等传统饰材，而有机材料中部分化学合成物对人体有一定的危害，它们大多为多环芳烃，如苯、酚、蒽、醛等及其衍生物，具有浓重的刺激性气味，可导致人生理和心理的各种病变。所以，学生在选择建材的时候，一定要有环保意识，尽量选择无毒、无害的材料。

1.3 任务实施

1. 学生分组

学生分组表

班级		组号		授课教师	
组长		学号			
组员		姓名	学号	姓名	学号

2. 自主探学

组号：_____ 姓名：_____ 学号：_____ 检索号： 4217-1

引导问题：

认真分析咖啡厅大厅效果图，梳理并写出该空间各界面使用的建筑装饰材料名称及其类别（表 4-5）。

表 4-5 咖啡厅界面建筑装饰材料名称及类别

序号	界面	名称	类别
1	墙面		
2	顶面		
3	地面		

147

组号：_____　　姓名：_____　　学号：_____　　检索号：___4217-2___

引导问题：

根据任务工作单 4217-1 呈现出的结果认真分析其材料性能，选择匹配适用风格的材料置换（表 4-6）。

表 4-6　材料性能及适用风格

序号	界面	名称	性能	适用风格 1	适用风格 2	适用风格 3	置换材料 1	置换材料 2	置换材料 3
1	墙面								
2	顶面								
3	地面								

3. 合作研学

组号：_____　　姓名：_____　　学号：_____　　检索号：___4218-1___

引导问题：

小组讨论任务工作单 4217-1、4217-2 的最优答案，教师参与，然后检讨自己的不足之处。

_____

_____

_____

4. 展示赏学

组号：_____ 姓名：_____ 学号：_____ 检索号：<u>4219-1</u>

引导问题：

每组推荐一个小组长，根据任务工作单 4217-1、4217-2 的内容汇报全组情况。组中的其他成员根据汇报情况再次检讨自己的不足之处。

_____

_____

_____

_____

_____

_____

1.4 评价反馈

任务工作单 1

组号：_____ 姓名：_____ 学号：_____ 检索号：<u>42110-1</u>

自我评价表

班级		组名		日期	年 月 日
评价指标	评价内容			分数	分数评定
信息收集能力	能否有效利用网络、图书资源、市场资源查找有用的相关信息；能否将查到的信息有效地融入学习过程			10 分	
感知课堂生活	能否在学习中获得满足感及课堂生活的认同感			10 分	
参与态度、沟通能力	能否积极、主动地与教师、同学交流，相互尊重、理解、平等；与教师、同学之间能否保持多向、丰富、适宜的信息交流			15 分	
	能否处理好合作学习和独立思考的关系，做到有效学习；能否提出有意义的问题或能发表个人见解			10 分	
知识、能力获得	能否正确识别餐饮空间效果图中墙、顶、地的建筑装饰材料的名称及类别			10 分	
	能否正确分析出材料的性能并出具建筑装饰材料置换分析报告			10 分	
辩证思维能力	能否发现问题、提出问题、分析问题、解决问题、创新问题			10 分	
自我反思	按时保质地完成任务；较好地掌握了知识点；具有较为全面严谨的思考能力，并能条理清楚地表达出来			25 分	
自评分数					
总结提炼					

任务工作单 2

被评价人信息：组号：_____ 姓名：_____ 学号：_____ 检索号：__42110-2__

小组内互评验收表

验收人组长		组名		日期	年 月 日
组内验收成员					
任务要求	完成餐饮空间常规建筑装饰材料的识别与分类；完成给定效果图材料置换分析任务；任务完成过程中，至少包含10种以上替换材料的相关介绍（包括名称、产地、性能、品牌、参考价格）				
文档验收清单	被评价人完成的4217-1任务工作单				
	被评价人完成的4217-2任务工作单				
	相配套的材料图片及检索资料				
验收评分	**评分标准**			**分数**	**得分**
	能正确识别效果图中餐饮空间常规建筑装饰材料的名称及分类，至少10处，缺一处扣4分			40分	
	完成给定的效果图材料置换方案，至少10处，少一处扣4分			40分	
	相配套的材料图片及检索资料，共4份，少一份扣5分			20分	
	评价分数				
总体效果定性评价					

任务工作单 3

被评组号：_____ 检索号：__42110-3__

小组间互评表（听取各组组长汇报，其他同学打分）

班级		评价小组		日期	年 月 日
评价指标		**评价内容**		**分数**	**分数评定**
汇报表述	表述准确			15分	
	语言流畅			10分	
	准确反映该组完成任务情况			15分	
内容正确度	表述的内容正确			30分	
	阐述到位			30分	
	互评分数				

任务工作单 4

组号：_____   姓名：_____   学号：_____   检索号：42110-4

任务完成情况评价表

任务名称		别墅起居室材料应用		总得分		
评价依据		学生完成任务后任务工作单				
序号	任务内容及要求		配分	评分标准	教师评价	
					结论	得分
1	完成给定餐饮空间效果图建筑装饰材料的名称与分类	(1)描述正确	5分	缺一个要点扣1分		
		(2)语言表达流畅	5分	酌情赋分		
		(3)材料的名称	10分	缺一个要点扣1分		
		(4)材料的分类	10分	共5类，缺一类扣2分		
2	制作并汇报给定的效果图材料置换分析报告	(1)涉及哪几种材料	10分	缺一个要点扣1分		
		(2)每一种材料的性能	20分	缺一个要点扣2分		
3	相配套的材料图片及检索资料	(1)数量	10分	共4份，每少一份扣2.5分		
		(2)参考的主要内容要点	10分	酌情给分		
4	素质素养评价	(1)沟通交流能力	20分	酌情给分，但违反课堂纪律、不听从组长和教师安排的，不得分		
		(2)团队合作				
		(3)课堂纪律				
		(4)自主研学				
		(5)合作探学				
		(6)解决问题的能力				
		(7)审美能力				
		(8)环保意识				

任务 2　娱乐空间材料综合应用

完成图 4-4 所示 KTV 包间效果图的建筑装饰材料识别分析报告。

图 4-4　KTV 包间效果图

(1)掌握娱乐空间常规建筑装饰材料的识别技巧;

(2)掌握娱乐空间建筑装饰材料的应用方法。

(1)能够识别娱乐空间常用建筑装饰材料;

(2)具备独立编制娱乐空间常用建筑装饰材料分析报告的能力。

(1)培养审美能力;

(2)培养严谨的工作态度;

(3)强化材料安全意识。

重点

娱乐空间常规建筑装饰材料的识别。

难点

娱乐空间建筑装饰材料的应用。

2.1 相关知识链接

现代娱乐空间是以营利为目的面向大众开放的用于放松身心及情感交流的场所。现代娱乐空间有着多种多样的类别，如以KTV、舞厅为代表的歌舞类，以电影院、文化会所为代表的文化类，以电玩厅、棋牌室为代表的游戏类等。同类别的娱乐空间中很多并不是以固定的形态存在的，而是在满足主要功能的前提下，同时兼具其他类别娱乐空间的功能，此满足不同人群在娱乐活动中的心理需求。建筑装饰材料是环境设计支撑的骨架。KTV作为一种娱乐空间，对建筑装饰材料的要求相对较高，因为它需要考虑实用因素、审美因素、安全因素等。

2.1.1 建筑装饰的美学功能

1. 建筑装饰的功能性

在设计中，建筑装饰所具有的功能性往往是由其的各种元素结构和物理性质决定的。建筑装饰材料不同的物理性质和化学性质决定了其不同的使用功能和适用范围。例如，没有人会在卫生间使用壁纸来装饰墙面，或在卫生间铺设地板。在室内空间的建筑装饰材料运用中，要考虑多方面的因素，其中最重要的就是要考虑材料是否具备耐久性、环保性、经济性和最为重要的阻燃性。

(1)在室内装饰中，我们选择的建筑装饰材料应当具有耐久性。娱乐场所的投资成本很高，而且一是个喧闹的场所，其内部材料不免会受到烟头、酒精等一些来自外界的破坏，所以，在选择建筑装饰材料时，应当保证材料能够承受外界的摩擦力、冲击力和潮湿等作用，以保证材料的耐久性。

(2)要确保建筑装饰材料的环保性，这也与当下提出的低碳环保概念不谋而合。某些环境的特性导致空气质量较差，加上通风系统设计不到位，使室内外空气交换次数少，从而造成空间的有害气体被浓缩，使消费者感觉呼吸困难，甚至会出现头昏脑涨等现象。所以，在选择建筑装饰材料时要重视材料的健康安全标准。

(3)在选择建筑装饰材料时要考虑其经济实用性。因为其不仅前期投资金额高，还要考虑日后的维护保养费用，且在营业一年之后，基本上会进行二次装修，以确保跟上时代的流行，所以强调经济实用是十分必要的。空间的装饰效果并不是单纯依靠昂贵的材料来堆积，它是鬼斧神工的技术和敏锐的艺术嗅觉相结合的结果。其实我国目前的建材市场有大量的既美观又能打造品位，而且经济实用的建筑装饰材料，所以，投资方在经济承受能力有限的情况下，就要在材料的选用上做文章了。

(4)建筑装饰材料的阻燃性。近几年来，全国各地的娱乐空间频频发生火灾，充分说明了许多会所存在安全隐患。其实，类似这样的公共空间必须设有消防喷头和消防通道，一旦火灾发生，确保人们可以安全逃生。但是，如果建筑装饰材料阻燃性低或没有阻燃性，就会加速火势的蔓延，降低人们的逃生概率。所以，在选择建筑装饰材料时，一定要考虑材料的阻燃性。

2. 建筑装饰材料的美感作用

会所的环境气氛除靠灯光、声效来营造外，建筑装饰材料毫无疑问也起到了至关重要的作用。每种材料都有其自身的色彩、图案、材质肌理等属性，有些是自然生成的，有些是依靠人工打造的，无论怎样，建筑装饰材料的色彩和肌理都有其形式上或色彩上的美感，关键在于设计上如何选择。例如，木质材料的天然肌理和朴质的色泽给人自然亲切的感觉；金属材质的光泽感给人现代、冷酷的感觉，质感柔软、图案素雅的布艺材料会彰显空间的高雅，所有的这些都是材料的美感所起到的作用。

2.1.2 建筑装饰材料的情感表达

人对材质诸因子的知觉，有的直接由视觉感受，如光泽、肌理、透明度等，也有的是通过触觉而感受，如凹凸、软硬、光滑、弹性等，它们共同参与视觉形象的构成，成为酒吧设计的构成因素。娱乐空间作为特殊的公共空间，本质的功能就是提供给人们一个休闲与娱乐的场所，其所用建筑装饰材料会带给人们视觉、触觉和嗅觉感受，每种感受都能引起人们生理上和心理上的不同感受，这就体现了材料的感觉效应。

1. 建筑装饰材料的情感

建筑装饰材料的情感体现在质感上。合理运用建筑装饰材料的质感可使室内空间环境和谐统一，突出装饰个性与装饰主题，达到美的意境。在空间的建筑装饰材料构成中，每种材料都会给人们带来不同的视觉和触觉印象。例如，金属材质反光性强，给人冰冷、生硬的感觉，布艺材质柔软、干净，有些手感光滑，有些手感粗糙等。久而久之，这种触觉带来的感受会储藏在大脑里，当人们再次看到这些材质时，就会形成条件反射，在脑海中产生触觉印象，这其实是材料的物理属性。从材料的不同特性的角度可以将材料分为坚硬度和柔软度，光滑度和粗糙度，亮光和亚光，干燥和潮湿等性质，为我们在设计中提供了参考依据。

2. 运用建筑装饰材料表达设计思想

娱乐空间运用的建筑装饰材料是多种多样的，通过不同材质的组合来营造空间气氛，当然，并不是将材料随意地拼凑或叠加，这中间是有原则需要遵循的。每种建筑装饰材料都有各自的性质，能够表达出空间特性和消费者的心理感受，这就是建筑装饰材料表达出的设计思想。这其中包括不同的表达形式。

3. 建筑装饰材料的创新运用

从杜尚到波普艺术家们一直使用的现成品，发展到室内设计领域，被赋予了新的含义，那就是非常规建筑装饰材料。建筑装饰材料都有其传统的使用功能，是人们熟悉而且在意识中达成共识的。例如，地板在传统意义上是地面铺装材料，同样的还有地砖，但是它们同样可以用在墙面或吊顶等其他地方，地砖可以作为装饰材料用于电视背景墙，木地板同样可以经过特殊工艺手法贴在吊顶上，这样可以达到令人意想不到的装饰效果。在会所中，同样可以利用这样的方式来达到令人震撼的装饰效果，以此来刺激消费者的消费欲望，这就是建筑装饰材料的反常规运用。当然，建筑装饰材料的这种利用形式是源于材料特质与设计空间的异质性基础上的，而不是刻意、盲目地追求怪异效果。

2.2 素质素养养成

(1)学生在设计过程中要进行细化对比，取其精华，去其糟粕，拆解、分析大师的作品，先观察大量的优秀作品，然后进行对比并发现它们之间的差异，提高审美水平。

(2)学生在学习的过程中要坚决杜绝"基本上、差不多、应该是"等词语。学习是学生的首要工作，严谨的工作态度不仅能把工作做得更加完美、更加细致，更是对自己、对工作、对社会负责的认真态度。有了正确的工作态度，在工作时就会充满使命感和责任感，同时学习也就会变成一件快乐的事情。

（3）消防安全工作必须先从简单的事情做起、从细微之处入手。学生应把消防安全意识融入心灵，严格遵守安全生产的有关规定和落实安全责任制，打下牢固的思想基础，提高认识。

2.3 任务实施

1. 学生分组

学生分组表

班级		组号		授课教师	
组长		学号			
组员	姓名	学号		姓名	学号

2. 自主探学

任务工作单 1

组号：_____ 姓名：_____ 学号：_____ 检索号：__4227-1__

引导问题：

认真分析 KTV 包间效果图，梳理并写出该空间各界面使用的建筑装饰材料名称及其类别（表 4-7）。

表 4-7 建筑装饰材料名称及类别

序号	界面	名称	类别
1	墙面		
2	顶面		
3	地面		

任务工作单 2

组号：＿＿＿＿＿　　姓名：＿＿＿＿＿　　学号：＿＿＿＿＿　　检索号：<u>　4227-2　</u>

引导问题：

根据任务工作单 4227-1 呈现出的结果认真分析其材料性能，选择匹配适用风格的材料置换（表 4-8）。

表 4-8　材料性能、匹配适用风格及材料置换

序号	界面	名称	性能	适用风格 1	适用风格 2	适用风格 3	置换材料 1	置换材料 2	置换材料 3
1	墙面								
2	顶面									
3	地面									

3. 合作研学

任务工作单

组号：＿＿＿＿＿　　姓名：＿＿＿＿＿　　学号：＿＿＿＿＿　　检索号：<u>　4228-1　</u>

引导问题：

小组讨论任务工作单 4227-1、4227-2 的最优答案，教师参与，然后检讨自己的不足之处。

_____

_____

_____

_____

_____

_____

4. 展示赏学

组号：_____　　姓名：_____　　学号：_____　　检索号：__4229-1__

引导问题：

每组推荐一个小组长，根据任务工作单 4227-1、4227-2 的内容汇报全组情况。组中的其他成员根据汇报情况再次检讨自己的不足之处。

_____

_____

_____

_____

_____

2.4　评价反馈

任务工作单 1

组号：_____　　姓名：_____　　学号：_____　　检索号：__42210-1__

自我评价表

班级		组名		日期	年　月　日
评价指标	评价内容			分数	分数评定
信息收集能力	能否有效利用网络、图书资源、市场资源查找有用的相关信息；能否将查到的信息有效地融入学习过程			10分	
感知课堂生活	能否在学习中获得满足感及课堂生活的认同感			10分	
参与态度、沟通能力	能否积极、主动地与教师、同学交流，相互尊重、理解、平等；与教师、同学之间能否保持多向、丰富、适宜的信息交流			15分	
	能否处理好合作学习和独立思考的关系，做到有效学习；能否提出有意义的问题或能发表个人见解			10分	
知识、能力获得	能否正确识别娱乐空间效果图中墙、顶、地的建筑装饰材料的名称及类别			10分	
	能否正确分析出装饰材料的性能并出具材料置换分析报告			10分	
辩证思维能力	能否发现问题、提出问题、分析问题、解决问题、创新问题			10分	
自我反思	按时保质地完成任务；较好地掌握了知识点；具有较为全面严谨的思考能力，并能条理清楚地表达出来			25分	
自评分数					
总结提炼					

被评价人信息：组号：_____ 姓名：_____ 学号：_____ 检索号： 42210-2

小组内互评验收表

验收人组长		组名		日期	年 月 日
组内验收成员					
任务要求	完成娱乐空间常规建筑装饰材料的识别与分类；完成给定效果图材料置换分析任务；任务完成过程中，至少包含10种以上替换材料的相关介绍（包括名称、产地、性能、品牌、参考价格）				
文档验收清单	被评价人完成的4227-1任务工作单				
	被评价人完成的4227-2任务工作单				
	相配套的材料图片及检索资料				
验收评分	评分标准			分数	得分
	能正确识别效果图中娱乐空间常规建筑装饰材料的名称及分类，至少10处，缺一处扣4分			40分	
	完成给定的效果图材料置换方案，至少10处，少一处扣4分			40分	
	相配套的材料图片及检索资料，共4份，少一份扣5分			20分	
评价分数					
总体效果定性评价					

被评组号：_____ 检索号： 42210-3

小组间互评表（听取各组组长汇报，其他同学打分）

班级		评价小组		日期	年 月 日
评价指标	评价内容			分数	分数评定
汇报表述	表述准确			15分	
	语言流畅			10分	
	准确反映该组完成任务情况			15分	
内容正确度	表述的内容正确			30分	
	阐述到位			30分	
互评分数					

任务工作单 4

组号：_____ 姓名：_____ 学号：_____ 检索号：<u>42210-4</u>

任务完成情况评价表

任务名称	娱乐空间材料应用		总得分		
评价依据	学生完成任务后任务工作单				
序号	任务内容及要求	配分	评分标准	教师评价	
				结论	得分
1	完成给定娱乐空间效果图建筑装饰材料的名称与分类	(1)描述正确	5分	缺一个要点扣1分		
		(2)语言表达流畅	5分	酌情给分		
		(3)材料的名称	10分	缺一个要点扣1分		
		(4)材料的分类	10分	共5类，缺一类扣2分		
2	制作并汇报给定的效果图材料置换分析报告	(1)涉及哪几种材料	10分	缺一个要点扣1分		
		(2)每一种材料的性能	20分	缺一个要点扣2分		
3	相配套的材料图片及检索资料	(1)数量	10分	共4份，每少一份扣2.5分		
		(2)参考的主要内容要点	10分	酌情给分		
4	素质素养评价	(1)沟通交流能力	20分	酌情给分，但违反课堂纪律、不听从组长和教师安排的，不得分		
		(2)团队合作				
		(3)课堂纪律				
		(4)自主研学				
		(5)合作探学				
		(6)审美能力				
		(7)严谨态度				
		(8)安全意识				

参 考 文 献

[1]赵俊学．建筑装饰材料与应用[M]．2版．北京：科学出版社，2017．

[2]何公霖，杨龙龙，唐海艳．建筑装饰工程材料与构造[M]．重庆：重庆大学出版社，2017．

[3]屠园园．建筑装饰材料[M]．北京：中国劳动社会保障出版社，2015．

[4]刘超英．建筑装饰装修材料·构造·施工[M]．2版．北京：中国建筑工业出版社，2015．

[5]刘新红，贾晓林．建筑装饰材料与绿色装修[M]．郑州：河南科学技术出版社，2014．

[6]高超．瓷砖的分类、选购与使用[M]．北京：中国城市出版社，2007．

[7]漂亮家居编辑部．装潢建材详解[M]．南昌：江西美术出版社，2019．

[8]王本明．建筑装修装饰概论[M]．北京：中国建筑工业出版社，2014．

[9]刘斌．建筑装饰材料与施工技术[M]．长沙：中南大学出版社，2014．

[10]褚智勇．建筑设计的材料语言[M]．北京：中国电力出版社，2006．

[11]霍曼琳．建筑材料学[M]．重庆：重庆大学出版社，2009．

[12]王强．装饰材料与构造[M]．天津：天津大学出版社，2011．